供排水
典型案例汇编

（第二版）

深圳市水务（集团）有限公司 ◎ **组织编写**

中国建筑工业出版社

图书在版编目（CIP）数据

供排水典型案例汇编／深圳市水务（集团）有限公
司组织编写. —2版. —北京：中国建筑工业出版社，
2020.1

ISBN 978-7-112-24406-5

Ⅰ. ①供…　Ⅱ. ①深…　Ⅲ. ①给水工程－案例－汇编
②排水工程－案例－汇编　Ⅳ. ①TU991

中国版本图书馆CIP数据核字（2019）第245915号

　　为了全面提高应对城市给水排水突发事件的综合能力，规范系统应急工作，深
圳水务集团组织专家在前版基础上编写了本书。
　　本书共分4部分，分别为供水生产篇、排水生产篇、管网运营篇和客户服务篇，
共汇集整理了国内100多个给水排水突发事件典型案例，涉及原水水质、水质化验、
制水工艺、供排水调度、设备管理与维修、爆管抢修、路面塌陷处置、违章查处、
投诉处理等业务领域。案例图文并茂，对事件经过描述清晰，原因分析详细具体，
经验总结全面深刻。对于从事水务行业的工作者来说，该汇编是一份非常实用的专
业资料，有很好的参考借鉴价值。

　　责任编辑：于　莉
　　责任校对：张震雯

供排水典型案例汇编（第二版）
深圳市水务（集团）有限公司　组织编写
＊
中国建筑工业出版社出版、发行（北京海淀三里河路9号）
各地新华书店、建筑书店经销
北京建筑工业印刷厂制版
天津翔远印刷有限公司印刷
＊
开本：787×1092毫米　1/16　印张：16½　字数：292千字
2020年1月第二版　　2020年1月第二次印刷
定价：**128.00**元
ISBN 978 - 7 - 112 - 24406 - 5
　　　（34903）

本书编委会

组织编写单位：深圳市水务（集团）有限公司

编写委员会：

主　　审：胡嘉东

主　　核：吴　晖

主　　编：杨小文

编写组组长：邹启贤　吴彦辉　刘岳峰　张德浩　戴少艾

编写成员：李土雄　李一璇　王　郁　刘奋强　陈颂华　熊　晔　郑小平
　　　　　罗　伟　廖　岚　孔　静　李　竞　李立丽　赵丽君　陈海松
　　　　　李　婷　马云鹏　梁厚漠　李敏杰　林春敬　陈红发　高文杰
　　　　　葛彦桦　黄界姿　张雁佳　陈月茹　宗文娟　许　钊　陈耀存
　　　　　唐业梅　林　沫　黄婷婷　田瑞芝　赵　宇　蓝文军　范　漳
　　　　　王姝凡　黄　慧　谭家昌　郑贺宏　曾文院　张松芳　廖晓明
　　　　　董志锋　李　军　严国华　张海旭　何　文　高旭辉　陈　奋
　　　　　张祥社　赵颖伟　吕丽行　郑学森　王馨宇　张文艺　李云放
　　　　　张国鹏　李　华　夏　莉　成　琦　陈集文　姜兴中　谭小燕
　　　　　高文杰　王　琴　陈　哲　张永甫　杨永平　郑永泉　孟鸿飞
　　　　　王顺利　戴立平　潘海文　袁超杰　林法伟　苏　航　曾思城
　　　　　彭湘辉　杨振宇　李　琛　郭庆和　黄秋生　曾隐标　吴伟奇
　　　　　王　哲　张　毅　王韵仪　唐思明　王　全　范　典　谭　彪
　　　　　郑晓琳　廖金泉　刘　茜　曾新湖　叶昭莹　柳　枫　梁思宸
　　　　　张　良　杨耿杰　马俊生　姚艳红　吴福海　罗苑基　莫游仙
　　　　　杨　伟　黄洁瑜　郭志博　陈凯鑫

审查成员：金俊伟　钟艳萍　张　莉　黄文章　刘丽君　柴培英　方泽明
　　　　　王秋生　姚纵为　黎洪元　王庆娇　钟昊亮　徐洪福　郭　姣
　　　　　王佳音　姜世博　王　栋　周小莉　蔡　蕾　谢祥威　张素琼
　　　　　戴剑明　陈树俊　邱雅旭　彭苏苏　荆　晶　梁婷婷　王　凯
　　　　　黄胜前　严　勇　罗智恒　李　玲　邵　平　肖丽萍

第二版前言

深圳水务集团作为国有大型环境水务综合服务商，为广大市民提供优质高效的供排水服务，完善城市功能，支撑深圳实现高质量发展，加快建设中国特色社会主义先行示范区。2015年出版《供排水典型案例汇编》以来，集团持续深耕城市供排水服务，在城市直饮水、生态治理、环境水务、智慧水务等领域不断拓展与探索，积累了一定的经验。为此，集团将相关经验总结提炼，组织再编写成《供排水典型案例汇编（第二版）》，旨在与业界分享、借鉴，共同进步。

《供排水典型案例汇编（第二版）》一书，共分4章，包括供水生产篇、排水生产篇、管网运营篇和客户服务篇，共汇集整理了深圳市水务（集团）有限公司自2015年至今的供排水生产典型案例，共计99例，涉及原水水质、水质化验、供排水工艺运行、设备管理与维修、黑臭水体治理、智慧管网、爆管抢修、产销差控制、投诉咨询、应急保障等业务领域。所有案例均来自现场一线，分别经编写组和审查组讨论、筛选、修改，绝大部分案例是首次呈现，具有较高的代表性。每个案例的结构基本统一，分为事件描述、原因分析、总结提高三个部分。案例图文并茂，对事件进过描述清晰，原因分析详尽，总结提高全面、实用。对于环保水务行业的从业者来说，该汇编是一份非常实用的专业资料，对完善城镇供排水基础设施建设、优化生态环境、强化管理、提升供排水服务水平具有较高的参考价值。

本书在编写过程中，得到了深圳市水务（集团）有限公司胡嘉东董事长、吴晖总裁的悉心指导，以及所有生产单位的大力支持和帮助，在此表示诚挚的谢意！

限于编写组的学识和经验，书中难免错漏，敬请批评指正。

编者

2019年10月于深圳

第一版前言

随着社会的进步和人民生活水平的提高，市民对城市供排水运营服务的要求越来越高，追求健康、高质量的生活成为广大市民共同的愿望。作为水务运营服务商，在为广大市民提供更加贴心、更高品质供排水服务，进一步完善城市功能的同时，更需要在生产和管理诸多细节上精益求精、深耕细作。为此，深圳市水务（集团）有限公司组织编写了《供排水典型案例汇编》，旨在和业内同行共同分享，以小见大，从中感悟从业的真谛和个中规律。

《供排水典型案例汇编》一书，共分4章，包括供水篇、污水处理篇、管网篇和供水营销篇，共汇集整理了深圳水务（集团）有限公司十多年以来的供排水生产典型案例，共计114例，涉及原水水质、水质化验、制水工艺、供排水调度、设备管理与维修、爆管抢修、路面塌陷处置、产销差控制、违章查处、投诉咨询等业务领域。所有案例均来自生产一线，并经编写组讨论、筛选，具有较高的代表性。每个案例的结构基本统一，分为事件描述、原因分析、总结提高三个部分。案例图文并茂，对事件经过描述清晰，原因分析具体详细，总结提高全面、实用。对于从事水务行业的工作者来说，该汇编是一份非常实用的专业资料，对完善城镇供排水基础设施建设、强化管理、提升供排水服务水平具有较高的参考价值。

本书在编写过程中，得到了深圳市水务（集团）有限公司韩德宏董事长、刘南安总经理的悉心指导，以及所有生产单位的大力支持和帮助，在此表示诚挚的谢意！

限于编写组的学识和经验，书中难免错漏，敬请批评指正，我们将会在今后的工作中不断地修改与完善。

编者

2014年6月于深圳

目　录

第 1 章　供水生产篇

1.1　原水水质

1.1.1　原水油污染事件的生产应对

1. 事件描述

6月26日上午9时，A水厂在巡检中发现进厂原水水质异常，水面漂浮油污（见图1.1.1-1），有明显柴油味，严重超出水厂处置能力。集团立即启动Ⅱ级原水水质突变预案，集团公司领导和技术专家在第一时间赶赴A水厂进行调查和处理。

图1.1.1-1　原水漂浮油污

9:10，生产运营部立即下达停止进水的指令，A水厂及时核查各工艺段及清水池水质，清水池存水继续对外供水。

经确认，水库取水口原水无异常、泵站设备运行正常，采用同一水源的B水厂、C水厂未见异常。

9:35起，水质监测站对A水厂、B水厂每小时检测原水嗅味、石油类指标。

10:30，B水厂发现原水有轻微的柴油味，C水厂未见异常。根据应急指挥部专家意见，B水厂投加60mg/L的粉末活性炭。

11:56，A水厂停止对外供水。

9点至15:30，市政府、区政府、集团公司管网部门组织了多个抢险队伍，启动无人机等专业设备，开展拉网式摸排，未查到污染源。

15:30，原水泵站停机，集团组织了3个探查小组深入原水隧洞探查，在距A取水口1.5公里处发现污染源——某地铁通风井施工现场的一处油污渗漏点（见图1.1.1-2）。该点水中石油类含量1800mg/L（Ⅰ-Ⅲ类地地表水标准为0.05mg/L），嗅阈值30倍。

图1.1.1-2　原水隧道油污渗漏点

17:22，B水厂停止对外供水。

18:55，确认探查人员全部安全撤出隧洞后，泵站开机，水厂恢复进水生产。

20:13，B水厂恢复供水。

21:35，A水厂恢复供水。

从发现异常到恢复供水，A水厂及B水厂出厂水质均保持稳定达标。

6月27至30日 A水厂原水偶有轻微柴油味，通过保持低水量溢流，投加粉末活性炭、吸油毡拦截吸附等有效措施，供水水质稳定正常。此次事件处置过程中始终把保障水质放在第一位，直饮水质未受影响。

2. 原因分析

为查明污染源，从上午10时开始，市水务局、区政府与市水务集团组织抢险队伍、启动无人机等专业设备，对原水管网沿线周边开展拉网式摸排。在排除了周边其他污染源后，15:30集团果断要求原水泵站停水，并组织了3个探查小组深入2公里长的A原水隧洞内探查，最终于18时，在距离A水厂取水口约1.5公里处发现了污染源，为某地铁通风井施工现场的一处油污渗漏点。集团公司在油污渗漏点周边取了多个水样，经连夜检测，结果显示石油类指标严重超标，判断A水厂原水污染由此造成。

此次事件，污染源已经掌握，下一步将在不影响原水水质安全的情况下，组织施工单位从外围入手，沿隧洞两侧进行清理。并要求地铁施工单位委托专业设计单位制定原水隧道正式修复方案和隧洞保护方案，征得市水务局及集团公司组织的专家团队审核通过后进行修复。在此期间，安排专人24小时监护隧洞破损处。集团公司也将依法依规提请有关部门追究建设单位相关责任的权利。

3. 总结提高

此次事件中，原水石油类污染物含量的峰值A水厂为8.47mg/L，B水厂为0.44mg/L，《地表水环境质量标准》GB 3838—2002中规定Ⅰ-Ⅲ类水石油类限值均为0.05mg/L。根据相关文献，石油类超标10倍以下时，水厂工艺可以处理，超过10倍则水厂无法处理。此次事件中，B水厂持续投加60～70mg/L的粉末活性炭，水厂停产时间段、出厂水质始终稳定达标；而A水厂则必须停产。在本次事件处置中，以下几点成功经验值得推广：

（1）水厂发现及时，并果断切断原水，避免污染物进入清水池和管网从而酿成重大水质事件。

（2）在现场建立实验室，开展针对特定污染物的去除实验，每小时采集A水厂和B水厂的原水检测，了解污染物的变化情况，随时指导生产，并在水质允许的情况下及时复产。

同时集团公司还将围绕管理中的薄弱环节，在以下环节开展管理提升：

（1）完善管网GIS基础数据，补齐标识标牌。各区域分（子）公司认真梳理各自辖区内的供水管道，尤其是原水管渠、DN800及以上清水干管，应一一进行排查，检查标识标牌的标注落实情况，发现有缺失、损坏的，应及时修补。

（2）加快推进片区双水源建设。目前A、B水厂仍然是单一水源，一旦原水异常，对水厂的影响巨大。

（3）完善应急预案及应急处置流程。

1）在应急预案中明确极端情况下的操作，包括停止进水、停止供水的条件。

2）在处置突发事件的过程中，建议成立综合组、抢险组、技术组、送水组等，指定相关领导分别负责，避免职责交叉。

3）应急处置期间，应急指挥部成员单位的沟通联系、信息共享工作有待加强。避免出现实验研究、化验结果未及时共享，以及现场操作指挥部不知情的情况。

4）各单位梳理应急物资需求，由设备物资部集中购置并储存。

5）各相关单位根据集团整体预案，编制分预案，区域分（子）公司分预案应着重补充停水检修和管网恢复供水的操作事项、安全管理、准确估计不同区域恢复供水时间。

（4）水厂应加强对原水突变的日常监控。此次原水石油类污染，A水厂巡检细致、发现及时，避免了事态向更严重方向发展，为了加强对原水水质的监控，水厂在日常管理中应加强以下内容：

1）在水厂中控室增设观察原水水质的高清摄像头以及原水取水管，实现对原水感官指标的24小时监控。

2）完善水厂水质毒性生物监测仪（RTB）和原水水质预警设备，确保能够在第一时间发现水质异常和报警。

3）水厂严格落实2小时巡检制度，特殊情况下提高巡检频率。

4）在优饮水厂增加化验设备，适当提高厂级检测能力。

（5）与地铁、道路、燃气、电力等相关单位保持密切的联系，要求在施工项目建设单位高度重视供水管线保护工作，在前期阶段就把供水管线作为关键控制点予以考虑，施工前必须与供水管线权属单位现场核实并签订施工管理协议，在做好充分保护、确保供水管线安全的前提下方可施工穿越。

1.1.2 原水硅藻爆发的应急处置

1. 事件描述

近年来，集团公司水厂多次发生由于水源爆发硅藻而引起净水厂滤池堵塞的问题，导致滤池过滤周期缩短、滤池堵塞，严重时引起水厂减产。某厂切换使用水库水，按水源切换操作指引对原水进行检测，加强巡检。由于原水间歇性的藻类大爆发未被及时发现，且硅藻有坚硬的外壳，不能被一般的氧化剂灭活和破坏，在滤池表面不断积累后，形成一层厚厚的毯状物覆盖在滤池表面，造成滤池堵塞。

2. 原因分析

硅藻为褐藻类特殊形态的藻类，因其细胞壁为无色、透明的坚硬硅质层而得名。对于净水厂而言，硅藻虽然不会像蓝藻、绿藻一样产生臭味和毒素影响自来水的水质，但是，由于其具有坚硬的硅质外壳，在水处理过程中不容易被灭活和破坏，有些硅藻表面附着黏性物质，在净水处理过程中粘结成片，导致滤池堵塞，降低水厂的产能。

3. 采取措施

在硅藻爆发的各次事件中，经厂化验室检测，原水藻类数量与平时相比变化不大，但硅藻占比大幅增加，且滤池反冲洗末段冲洗水镜检，几乎全为硅藻。表层滤砂淋洗后镜检淋洗液也发现大量硅藻。在水厂发现滤池堵塞后，采取的措施包括以下几方面：

（1）打开全部滤池出水阀门；

（2）对滤池进行紧急反冲，并增大水冲强度；

（3）通过调度手段，减小受影响水厂的产量，减小受影响原水的取水量；

（4）对原水投加0.3mg/L高锰酸钾进行预处理（见图1.1.2-1）；

（5）滤池堵塞严重的情况下，刮除滤池表面1~2cm滤砂。

图1.1.2-1　原水投加高锰酸钾

采取以上措施后，滤池堵塞的情况均得到了明显的改善，生产逐步恢复正常。

4. 总结提高

（1）硅藻的爆发与原水切换以及水库季节性水质变化密切相关，水厂应在日常生产中积累相关经验和数据，对硅藻的爆发提前预判。并与原水主管单位建立顺畅的信息沟通渠道。

（2）经过多次应对硅藻爆发事件，集团公司开展了去除硅藻的技术研究。发现因硅藻的特殊结构，水厂常规工艺难以将其在混凝沉淀过程中去除。而采用高锰酸钾与次氯酸钠协同预氧化的方法，对于硅藻的去除率能够达到90%以上。

（3）水厂应加强对运行人员的应急处理能力培训。在发生突发事件时，能够第一时间发现，并采取有效措施，及时反馈信息，最大限度地减轻突发事件的影响。

（4）针对原水切换的情况，水司及水厂应做好充分的准备，完善原水预处理设施和应急投加设施。事前做好水质化验以及应急投加准备，恢复正常后及时总结，形成案例和数据报告。

1.1.3 原水切换引起2-MIB致臭事件应急处置

1. 事件及问题描述

某水厂主水源为深圳水库原水、备用水源为铁岗水库原水。2017年3月6日，因主水源管道抢修，该厂切换为备用水源。切换原水后，水厂化验室很快检测到铁岗原水存在明显异味，嗅味最高达3级、嗅阈值最高达33，出厂水嗅阈值也达到5，与此同时，对致臭物质进行检测，检测到原水二甲基异莰醇浓度达60.8ng/L，出厂水二甲基异莰醇浓度57ng/L，超出了《生活饮用水卫生标准》GB 5749（简称"国标"）10ng/L的参考值，事件导致了少量用户投诉。水厂启动了高锰酸钾和粉末活性炭等应急药剂投加。同时开展了原水及过程水嗅阈值监测，以及高锰酸钾和活性炭不同药剂组合、不同投加量组合及高锰酸钾不同反应时间的烧杯试验，确定了最佳处理条件，指导应急药剂的投加，经过水厂的全力应对，此次原水嗅味事件很快得到控制。

2. 原因分析及应对措施

（1）次氯酸钠对致臭味物质氧化能力较低，去除效果不明显。因此在水库取水处投加次氯酸钠，虽然氧化时间长，但由于次氯酸钠氧化能力低，因此对致臭味物质去除率较低。

（2）高锰酸钾氧化时间不足，引起致臭味物质去除能力降低。原水切换后，厂内立即启动了"原水突发异臭应急预案"，在厂内汇合井处投加高锰酸钾，反应池投加粉末活性炭，但由于厂内高锰酸钾投加点与粉末活性炭投加点相隔时间不超过5分钟，一定程度上影响了致嗅物质的去除效果。

（3）粉末活性炭投加量对致臭味物质吸附能力有一定影响。试验结果表明，当高锰酸钾投加量0.3mg/L，活性炭投加量20mg/L时，出厂水嗅阈值可以达到3以下，活性炭投加量再增加时，对嗅味的去除效果没有明显提高。因此，根据试验结果，药剂投加点调整为在水库取水点投加高锰酸钾，进入水厂后再投加粉末活性炭，由于延长了预氧化时间，因此，对二甲基异莰醇去除效果更好。

除上述药剂投加及化验检测调整外，工艺运行还作了如下调整：调整石灰与粉末活性炭的投加距离，减少石灰对粉末活性炭吸附的影响；强化沉淀池排泥，沉淀池每天全程排泥一次；反应沉淀池排泥水应急排放；延长滤池反冲洗时间，强化滤池反冲洗。

采取上述措施后，出厂水二甲基异莰醇明显降低，出厂水嗅阈值下降至2.0，异臭问题得到了有效的控制（见表1.1.3-1～表1.1.3-3、图1.1.3-1）。

原水和出厂水嗅阈值检测结果　　　　表 1.1.3-1

	原水	出厂水
3月10日～19日	33	5-2.5
3月20日～22日	25	2.0

厂内高锰酸钾和粉末活性炭不同组合及不同投加量的烧杯试验结果　　表 1.1.3-2

时间	2017/3/12				
序号	1	2	3	4	5
投加量（mg/L）	高锰酸钾0.3	高锰酸钾0.3＋粉末活性炭10	高锰酸钾0.3＋粉末活性炭20	高锰酸钾0.3＋粉末活性炭30	粉末活性炭20
嗅阈值	5	4	2.5	3.3	3.3
反应条件	高锰酸钾预氧化4分钟、反应时间15分钟、沉淀25分钟。碱铝投加量1.6mg/L，原水嗅阈值33				

模拟泵站投加高锰酸钾预氧化，不同药剂组合及不同投加量组合的试验结果　表 1.1.3-3

时间	2017-3-14			
序号	1	2	3	4
投加量（mg/L）	高锰酸钾0.3	高锰酸钾0.3＋NaClO0.5	高锰酸钾0.3＋粉末活性炭10	次氯酸钠0.5
嗅阈值	5	7	3.3	7
嗅味	霉味	草腥味	无明显嗅味	草腥味
反应条件	高锰酸钾预氧化90min、次氯酸钠预氧化5min，反应时间15min、沉淀25min。碱铝投加量1.6mg/L，原水嗅阈值33			

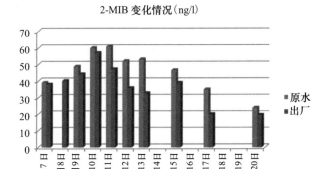

图1.1.3-1 原水和出厂水二甲基异莰醇变化情况

3. 总结提高

（1）原水切换前要提前取样了解水源情况，并制定预防措施。

（2）必要时可在化验室开展应急药剂投加组合及药剂投加量组合的烧杯试验，指导生产。

（3）充分考虑药剂的反应时间和反应效果以及药剂相互之间的影响，合理选择药剂的投加点。

（4）启动应急预案和应急药剂的投加后，及时校核药剂的实际投加量，并根据处理效果及时调整。加强应急药剂投加系统设备的日常维护和保养，定期校核相关数据，确保药剂投加的准确性。

（5）原水异臭时，因为嗅味级别的判断有一定的主观性，应及时启动嗅阈值的检测。

1.1.4 季节性高pH原水的应对

1. 事件描述

近年来，受环境因素的影响，深圳各主要水源水pH异常升高的情况频繁发生，集团公司各厂多次检出原水pH超8.5的情况，最高达到9.2。高pH原水对水厂混凝沉淀、过滤工艺造成严重影响，导致浊度、pH、铝指标明显升高，滤池过滤周期缩短等一系列问题，部分水厂甚至出现了出厂水水质超标。

2. 原因分析及对生产的影响

原水pH的异常升高常常伴有藻类的异常升高，藻类的光合作用消耗水中的CO_2并产生大量气体，致使水中氢离子减少，pH升高。在高pH条件下，水中胶体无法有效脱稳，导致混凝效果差、浊度不达标等风险；高藻原水普遍呈现绿色，造成色度问题；此外，pH是影响水中残余铝浓度的重要因素，除铝的pH最佳控制范围在7.0左右，一旦pH过高，沉后水的铝浓度快速升高，从而造成铝超标风险。

3. 采取措施

针对以上问题，集团公司各水厂经过一段时间的摸索，在工艺上采取了高锰酸钾、粉末活性炭联合除藻，投加酸性pH调节剂，以及加强沉淀池排泥和滤池反冲洗等组合措施，能够有效控制沉后水及滤后水浊度、pH以及出水铝指标，确保水质达到国标要求。

（1）适当投加高锰酸钾，有效灭活藻细胞。

根据原水水质pH升高原因分析，为控制pH升高带来的一系列水质问题，首先需有效除藻。因此，应对措施第一步，在预处理阶段提高高锰酸钾投加量。水厂在应急事件的处理中，高锰酸钾投加量控制在0.3～0.5mg/L，并辅以粉末活性炭去除藻类代谢物质。

（2）投加酸性pH调节剂

控制pH和铝的关键在于控制反应阶段的pH。深圳地区原水大多数情况下呈弱酸性，水厂日常配备的pH调节剂为石灰。而在原水高pH的情况下，相关水厂停止了石灰投加，并尝试性投加酸性调节剂。其中，A水厂采用二氧化碳调节pH并控制出厂铝（见图1.1.4-1），B水厂在反应前和反应后分别采用盐酸和石灰调节pH并强化混凝。经过一段时间的生产性试验摸索，反应阶段的pH控制在7.5左右。

图1.1.4-1 A水厂二氧化碳投加设施

通过采取上述措施，各水厂沉后水浊度基本可控制在2NTU以下，滤后水浊度控制在0.2NTU左右，色度、铝等指标也稳定控制在国标范围内。

4. 总结提高

（1）在发生原水pH异常时，应详细分析事件发生的原因，根据原因采取相应的处置措施。

（2）水厂在投加高锰酸钾、粉末活性炭以及酸性pH调节剂之前，都应开展相应的烧杯试验确定具体的投加参数，指导生产，避免因药剂投加不精确带来的水质问题。

（3）在水厂生产运行中，应加强巡视，密切关注原水及过程水的色度、嗅味、浊度、pH等感官指标变化，并加强过程水铝指标的检测。

1.2 工艺运行

1.2.1 超滤膜突发堵塞的应急处理

1. 事件及问题描述

2016年10月2日上午，某水厂生产人员发现超滤系统产水量异常下降，从正常时的1800 m³/h降至1400～1500m³/h，通过调整进水泵频率也无法提高膜系统产水量。同时还发现超滤跨膜压差超过0.2MPa，超滤膜原水池出现了溢流。

2. 原因分析及应对措施

水厂在10月1日正常使用正坑水库原水，正坑水库水面呈草绿色，初步判断此次事件的原因为气温骤变，导致正坑水库原水藻类含量突然升高，藻类穿透了炭砂滤池，进入超滤膜系统，大量大分子有机物将膜孔堵塞，导致膜通量严重下降。为此，水厂主要采取以下三项措施：

（1）发现膜堵塞，立即进行超滤膜反冲洗，同时申请停止使用正坑水库原水，用深圳水库水。

（2）降低超滤膜反冲洗的时间间隔，将超滤系统反冲周期从每75min1次调整到60min1次。

（3）增加超滤膜反冲洗消毒剂的浓度，将投加量从10mg/L增加到20mg/L。

通过上述三种措施，超滤系统膜堵塞问题得到有效控制，超滤柱的跨膜压差开始下降，产水量逐渐恢复，2016年国庆期间超滤跨膜压差变化曲线见图1.2.1-1。

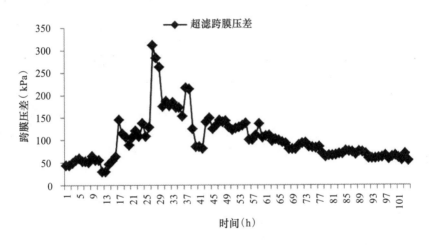

图1.2.1-1　跨膜压差变化曲线

3. 总结提高

（1）加强原水水质的监测，当出现原水pH、色度等异常升高的现象时，生产运行人员应及时调整生产措施并记录。

（2）宜通过加强预氧化和强化混凝等手段在混凝沉淀阶段尽量去除原水中藻类及其衍生物，减少后续工艺负荷。

（3）跨膜压差是反映超滤膜通量变化的重要指标，正常情况下，超滤系统跨膜压差应控制在0.1MPa以下。当出现跨膜压差异常升高时，运行人员应迅速查明原因，并通过缩短反冲时间和加大反冲消毒剂的含量等手段予以恢复。

1.2.2 平流沉淀池末端积泥问题解决

1. 事件描述

某水厂平流沉淀池进出水两端发现淤泥堆积高度达2m（见图1.2.2-1），影响了沉淀池出水浊度、嗅和味及微生物等水质指标，积泥还有坍塌和堵塞吸泥机的风险。

水厂安排生产调度和工艺调整，停用该沉淀池，采用移动式排污泵，人工将泵放入淤泥中抽排（见图1.2.2-2）。沉淀池深有4m，有6个出水槽，排污泵和管道需人工在各出水槽间搬抬，并在抽泥过程中需移动水泵，才能将池底的淤泥排干净，人员在池边作业有跌落和溺水的风险。

图1.2.2-1 平流沉淀池进出水两端淤泥堆积   图1.2.2-2 人工抽泥过程

2. 原因分析

平流沉淀池的排泥方式一般是通过吸泥行车抽排，行车在沉淀池上来回行走，边走边抽吸池底污泥，但在沉淀池两端存在行车行走到达不了的区域，该区域的淤泥存在长期堆积现象，影响沉淀池出水水质。

3. 总结提高

（1）水厂组织技术人员对吸泥行车进行加装刮泥板架的改造（见图1.2.2-3），利用刮泥板带出沉淀池末端的淤泥。并增加吸泥行车行走自动控制程序，行车在两端3m区域内自动增加行走一次，实现末端自动刮泥和排泥。最后改进了推车上刮泥板的机械结构，把刮泥板做成单向可活动式，避免刮泥板变成"推泥板"。通过改造后，有效解决沉淀池末端积泥问题，无需人工清淤。

（2）水质风险得到了有效控制，消除了积泥引起的浊度、嗅和味及微生物等风

图1.2.2-3 吸泥机刮泥板改造

险,沉淀池出水水质稳定。

1.2.3 水厂板框压滤机产能提升工程实践

1. 事件描述

某水厂污泥处理系统负责处理龙华两个水厂的污泥。污泥系统设计产能为65t/d（含水率≤60%），工艺流程见图1.2.3-1，该套系统于2017年12月投入运行。

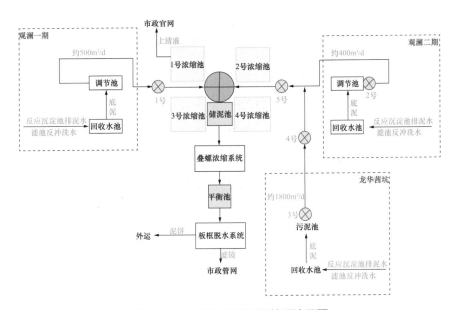

图1.2.3-1 某水厂原污泥处理流程图

在实际生产过程中，板框产能严重不足，远达不到设计的65t/d的产泥量（含水率≤60%）。实际污泥产量约12t/d（含水率≤60%），不能正常满足两个水厂的污泥处理需求。

影响污泥产能的瓶颈主要是：①螺旋输送机经常出现故障，导致系统停产；②重力浓缩池效果差，无法满足板框进泥要求；③滤布堵塞严重，影响脱水效果等。

2. 原因分析

（1）设备工况欠佳。螺旋输送机的主要材质及螺旋叶片、耐磨衬板及减速机减速比选型偏小，导致在实际生产中不能选择合适的转速，造成螺旋叶片扭矩增大变形；此外，原有螺旋不适合输送黏性高的污泥，容易变形压断叶片。

（2）压滤机进泥含水率高。因浓缩池采用方形兰美拉不锈钢斜板连续式浓缩，斜板下部设浓缩机对浓缩区污泥进行慢速搅拌，实际浓缩效果较差。且如果加药调节，会因浓缩池底部出泥管小的原因，堵塞浓缩池，造成更严重的影响。

（3）污泥调质的过程存在一系列问题，导致污泥调质不充分。第一，PAM絮凝剂加入后，未经过充分的搅拌混合，造成局部滤布被PAM附着、堵塞，丧失透水性（见图1.2.3-2）；第二，PAM投加泵的流量不足，在进料初期因PAM投加量不足而不能形成很好的絮团；第三，PAM配药机的药剂溶解能力不足，高分子熟化时间不够，出现大量溶解不了的PAM团，进入板框后，极易堵塞滤布。

图1.2.3-2 滤布堵塞情况

3. 采取措施

（1）针对螺旋输送机设计存在的问题，采取了系统整改方案：将推料螺旋改为拉料螺旋，将原输送机驱动电机拆除，重新安装在输送机出料口端；在储泥斗上方加支架托住螺旋驱动电机，保证系统的稳定性；在螺旋输送机分段处加装三道加压板（见图1.2.3-3），防止螺旋在运行过程中拱起。

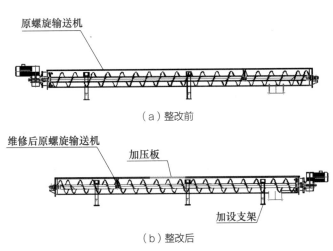

（a）整改前

（b）整改后

图1.2.3-3　螺旋输送机改造示意图

（2）针对重力浓缩池能力不足，板框进泥含水率高的缺陷，重新设计安装了一套机械浓缩系统——叠螺浓缩：叠螺浓缩机对原泥有较强的浓缩能力，经过调节后能稳定地将重力浓缩出泥（含水率98.5%左右）浓缩成含水率92%～95%的泥，大大增加了板框进泥含固率，有效增加了板框系统单批次产能。

（3）对加药环节改造，提高调质效果（见图1.2.3-4）：在污泥进料管道上增加搅拌机，提高药剂混合均匀性。由于板框机在线加药的絮凝剂药剂要经过一系列选型，药剂的种类分为粉末和乳液药剂两种状态，需要对原脱水车间的配药系统进行改造使其能满足粉末药剂和乳液药剂两种情况，以保障后续系统加药可靠。

图1.2.3-4　污泥管道在线加药示意图

（4）对滤布反冲洗装置进行改造。使滤布在使用一定批次后通过在线浸泡药液的方法缓减堵塞的情况，使滤布的过滤性能得到一定的恢复。在线药洗工艺流程为：将药液原液通过原液泵打到药液稀释罐内稀释后备用，当板框机运行一定批次（如500批次）后自动进入药洗模式，完成滤布的药洗、药液的循环使用和滤布的清洗，整个过程需是自动运行的，其中药洗频率可在控制盘上设定。

4. 成效

经过上述整改，优化了故障率高的螺旋输送系统，增加了机械浓缩，升级了系统工艺，并且正在逐步优化加药及滤布药洗工艺，全面提升水厂污泥系统运行状态及产能。目前污泥系统工艺流程为：原泥——重力浓缩——叠螺浓缩机——加药调理——板框脱水（见图1.2.3-5）。

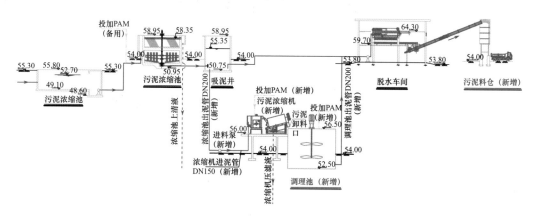

图1.2.3-5 改造后的污泥处理系统流程图

通过优化改造故障设备，增加机械浓缩设备等技改，浓缩出泥含水率97%～99%降至92%～95%。板框压滤系统产能从12t/d最高提升至35t/d（含水率从65%稳定降至55%左右），系统产能增加了约4倍。

1.2.4 反应池立式网格改造改善混凝效果

1. 事件描述

某水厂始建于20世纪90年代，采用混凝、沉淀、过滤和消毒的常规工艺，设计供水能力为$9×10^4m^3/d$，随着国标要求提升，按照原设计水量运行时，出水水质效果不佳，为保证出水水质，该水厂按照低于设计负荷的15%～20%，以最大产能$7.5×10^4m^3/d$运行。但近年来随着经济社会的快速发展，该水厂辐射服务范围及服务人口增加，其实际产水量无法满足日益提高的市政需求，尤其是在夏季供水高峰，该供需矛盾更为明显。为保障出水水质及供水水量，水厂需对工艺单元升级改造，有效提高工艺生产效率。

2. 改造方法

该水厂选取B组絮凝池进行安装V型网格絮凝装置的改造，A组工艺保持不变，改造后将跟踪对比A、B两组的运行效果，探讨木质多级V型网格在穿孔旋流絮凝池内改造的适配性。B组絮凝池的具体改造方案如下：

　　B组絮凝池平面及网格侧视图如图1.2.4-1所示，絮凝池两侧独立进水，单侧按絮凝效果分为四区段，即2～6格为第一絮凝区（a段）、7～10格为第二絮凝区（b段）、11～14格为第三絮凝区（c段）、15～20格为第四絮凝区（d段）。

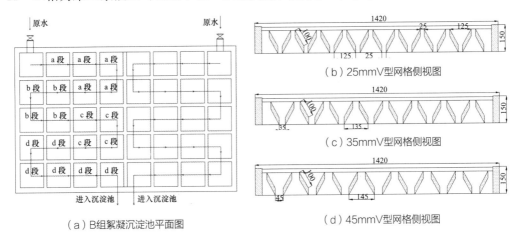

（a）B组絮凝沉淀池平面图　　　　　（b）25mmV型网格侧视图

（c）35mmV型网格侧视图

（d）45mmV型网格侧视图

图1.2.4-1　B组絮凝池平面及网格侧视图

　　本次改造在a、b、c三个絮凝段安装V型网格，改造前后絮凝池剖面图如图1.2.4-2所示，各段安装网格的层数与规格均不相同，单格竖井安装多层网格时，按栅条横向、纵向交错方式安装。改造后各絮凝段网格安装层数与规格分别为：a段安装栅条间隙为25mm的V型网格三层；b段安装栅条间隙为35mm的V型网格两层；c段安装栅条间隙为45mm的V型网格一层。

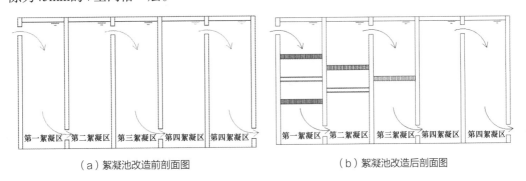

（a）絮凝池改造前剖面图　　　　　（b）絮凝池改造后剖面图

图1.2.4-2　絮凝池改造前后剖面图

3. 成效

（1）滤前水浊度。

　　改造前后，A、B组滤前水浊度的对比效果如图1.2.4-3所示。由图1.2.4-3（a）可知，改造前连续12个月的运行周期内，A、B组滤前水浊度差异不大，A组略好于B组，两者的滤前水浊度平均去除率分别为82.77%和79.34%。改造后连续12个月的运行周期内，B组对浊度的去除效果明显优于A组，A、B组滤前水平均浊度去除率分别为75.63%和82.71%。该结果说明，改造后B絮凝池的强化絮凝效果显著，通过改变絮凝池的水力条件，优化颗粒脱稳、凝聚和生长过程，从而有效降低出水浊度。

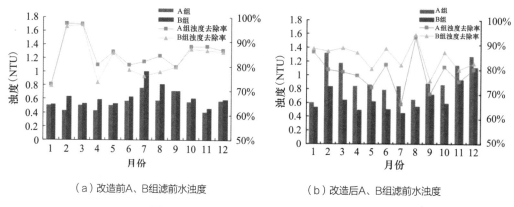

（a）改造前A、B组滤前水浊度　　　　　（b）改造后A、B组滤前水浊度

图1.2.4-3　改造前后A、B组滤前水浊度

此外，能否将低温低浊度原水进行高效絮凝是判断絮凝池好坏的重要评判标准之一，在低温低浊度条件下（原水温度13~15℃、浊度3.59~5.4NTU），对比改造前后A、B组滤前水浊度的效果，结果如图1.2.4-4所示。

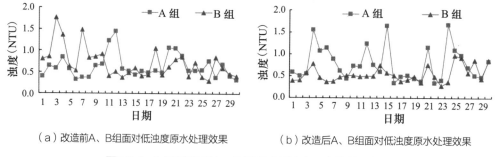

（a）改造前A、B组面对低浊度原水处理效果　　（b）改造后A、B组面对低浊度原水处理效果

图1.2.4-4　改造前后A、B组面对低浊度原水的处理效果

由图1.2.4-4（a）可知，改造前，A、B组均对低温低浊度原水的絮凝效果不稳定，出水浊度范围分别在0.42~1.51 NTU和0.29~1.78NTU，最大值与最低值相差80%左右。而由图1.2.4-4（b）可知，改造后，B组对浊度的去除效果明显优于A组，滤前水平均浊度分别为0.55NTU和0.78NTU，且B组滤前水浊度波动幅度明显降低，波动范围仅在0.39~0.97NTU范围内。上述结果说明经木质多级V型网格改造后，絮凝池絮凝能力

显著提升，使出水浊度波动小，稳定保持在较低水平。

（2）药剂投加量

选取改造前后1～12月该水厂聚合氯化铝加药数据，对比在改造前后，该水厂聚合氯化铝（PAC）投加药剂量（按Al$_2$O$_3$计算）变化情况，结果如图1.2.4-5所示。

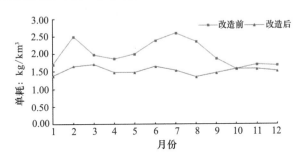

图1.2.4-5　改造前后水厂聚合氯化铝药剂量变化情况

由图1.2.4-5可知，因水力絮凝条件的改善，改造后絮凝池PAC投加量明显下降，投加量由改造前的1.58～2.59mg/L降低至1.35～1.71mg/L，平均药剂投加量降低了19.68%。按照年度实际处理水量计算，全年PAC药剂费用由269370.63元/年降至217012.5元/年。药耗下降的原因在于，V型网格增大了水流扰动强度，促使絮凝剂与胶体颗粒充分接触，更易混合聚集，而提高了絮凝剂的利用率，并有利于絮体的形成。上述结果说明，经木质多级V型网格改造后，不但出水水质进一步提升，PAC药耗量也同比减少，该技改措施经济可行。

4. 总结

针对水厂设计供水水量和出水水质标准低于实际运行需求的问题，提出了木质多级V型网格絮凝池的给水工艺升级改造方案，通过强化原穿孔旋流絮凝池絮凝效果，在提高进水负荷条件下，进一步提升水质的目标，得到以下结论：

（1）木质多级V型网格通过改变流体的速度梯度和微涡旋大小，提供絮体集聚的微动力，增加了颗粒接触碰撞的几率，从而改善絮凝池絮凝效果。

（2）改造措施明显改善滤前水浊度，与未改造的A组相比，经改造的B组的滤前水平均浊度比前者降低了26.37%，滤前浊度去除率提高了8.56%；针对冬季低温低浊度原水，经改造的B组有更稳定的处理能力，与A组相比，其滤前水平均浊度降低了29.49%。

（3）经絮凝池改造后，PAC药剂消耗下降，全年平均投加浓度降低了16.49%，共计节省药剂费用52358.13元/年。

1.2.5 水厂生物活性炭滤池滤料更换期间的水质控制

1. 事件描述

某水厂臭氧-生物活性炭深度处理工艺于2005年6月投入运行，已运行十余年。近年来，炭滤料强度减弱、吸附能力降低等问题日益突出，2016年12月～2018年1月，分2批完成了所有炭滤池的滤料更换。本案例主要介绍在滤池换炭后运行初期滤后水pH、铝指标大幅升高问题的控制方法。

2. 换炭期间水质控制方法

水厂滤池换炭工作完成后，对新炭池的浸泡水、反冲水的取样检测发现：pH、铝指标异常偏高，具体数据见表1.2.5-1。

新炭池出水的 pH 及铝指标　　　　　　　　　　表 1.2.5-1

	17号滤池出水	18号滤池出水	23号滤池出水	24号滤池出水	国标值
pH	>9.6	>9.6	>9.6	>9.6	6.5～8.5
铝（mg/L）	3.0	2.7	3.2	3.3	0.2

新炭表面含有较多的碱性化合物，对pH升高起到主要作用，且由于制作工艺的原因铝指标也异常偏高。为使pH和铝值尽快降低至目标值，在调试过程中水厂主要采取了浸泡和反冲洗两种方式：

（1）反复反冲洗＋浸泡

炭池更换完滤料后对其进行浸泡，每天上午下午分别对滤池进行一次手动反冲洗，每次反冲洗结束后，打开进水，使其没过炭滤料对滤池进行持续浸泡。水厂在对第一批（共6格）炭滤池换炭后，对炭滤池进行了持续的反冲洗和浸泡，反冲洗强度见表1.2.5-2。

新炭池的反冲洗参数　　　　　　　　　　表 1.2.5-2

反冲洗阶段	时间（min）	气冲洗强度 [L/(s·m²)]	水冲洗强度 [L/(s·m²)]
气冲	2	13.33	—
气水冲	2	13.33	2.6
水冲	10	—	5.2

以此强度进行滤池反冲洗，反冲洗频率2次/d，需4天左右pH即可降低至8.5以内，而铝值则需7天左右才可达到出厂水内控标准（<0.15mg/L），具体数据见表1.2.5-3。

新炭池持续冲洗过程中的水质变化情况　　　　　　　　　　　　　　　　表 1.2.5-3

浸泡时间	1天	2天	3天	4天	5天	6天	7天
气冲后pH	>9.6	9.1	9.1	8.2	8.1	8.1	8.0
水冲后pH	>9.6	9.1	9.1	8.2	8.2	8.1	8.1
气冲后余（mg/L）	3.3	1.418	0.95	0.36	0.309	0.15	0.108
水冲后余铝（mg/L）	3.34	1.412	0.92	0.355	0.105	0.088	0.089

2017年，水厂在对第二批炭滤池（共18格）换炭后，对炭池进行了持续的冲洗和浸泡，反冲洗频率2次/d，需10天左右可达到出厂水内控标准，具体数据见表1.2.5-4。保持反冲洗强度不变，将反冲洗频率提高为3次/d，所测得的pH和铝值降低至目标值同样需要10天左右，因此，提高反冲洗频次对加速pH、铝值的降低意义不大。

新炭池持续冲洗和浸泡过程中的水质变化情况　　　　　　　　　　　　表 1.2.5-4

时间	项目	气冲后	水冲后	备注
1天	pH	>9.6	>9.6	
	铝（mg/L）	1.540	0.575	
2天	pH	>9.6	>9.6	
	铝（mg/L）	1.355	0.405	
3天	pH	>9.6	>9.6	
	铝（mg/L）	0.845	0.325	
4天	pH	>9.6	>9.6	每日反冲洗2次，浸泡10天后恢复过滤，初滤后水pH8.5，浊度0.18NTU，铝0.122mg/L
	铝（mg/L）	0.722	0.275	
5天	pH	9.6	>9.6	
	铝（mg/L）	0.635	0.250	
6天	pH	9.4	9.4	
	铝（mg/L）	0.465	0.185	

续表

时间	项目	气冲后	水冲后	备注
7天	pH	9.3	9.4	
	铝（mg/L）	0.460	0.135	
8天	pH	8.9	9.2	每日反冲洗2次，浸泡10天后恢复过滤，初滤后水pH8.5，浊度0.18NTU，铝0.122mg/L
	铝（mg/L）	0.311	0.122	
9天	pH	8.5	8.9	
	铝（mg/L）	0.125	0.078	

（2）间歇浸泡

除对反冲洗试验，水厂也曾采用了间歇浸泡的方式，即在每日反冲洗2次后，将此炭池浸泡水排空。此方法一方面使湿润的活性炭吸附空气中CO_2消耗其表面碱性化合物，另一方面能够将浸泡析出的金属铝更彻底地排出池体。但由于炭池深、操作时间长、排水量大，此种操作仅作为辅助操作方法，一般用于调试的前3天，可迅速将pH降低至9.6以内。

3. 成果及可借鉴的举措

针对生物活性炭滤池滤料更换初期出水pH、铝值异常升高的情况，新滤池的初期运行调试尤为重要。该厂通过大量的生产运行经验和数据积累，通过优化反冲洗（强度、时间段、频率等）再辅助配合排水操作，通过7～10天可使pH降至8.5以下、铝值降低至0.12mg/L以下，能够保障换炭期间的水质安全稳定。

此外，水厂应有针对性地加大对新运行炭滤池运行情况的监测，并与旧炭池进行同步取样对比，对全面准确地掌握和评判现有深度处理工艺的运行效果具有重要意义。

1.2.6 原水耐氯型芽孢杆菌应对措施

1. 事件描述

自2014年起，某水厂多次检出出厂水菌落总数异常。主要表现为：

（1）平行样之间平行性差，频繁出现一个水样菌落总数"未检出或仅几个"、而平行样却"数百或数千"的情况；

（2）检出的菌落为片状菌落，耐氯，灭活难度大；

（3）偶尔出现出厂水菌落总数超标。

2. 原因分析

发现问题后，水厂管理人员邀请广东省中科院微生物研究所对菌落进行鉴定。经鉴定，发现的菌落主要为芽孢杆菌属，在自然界中存在于土壤、水、空气以及动物肠道等处。对外界有害因子抵抗力强，而且芽孢杆菌容易形成芽孢（内生孢子），芽孢比芽孢杆菌具有更强的耐氧化特性，很难通过常规消毒剂滋灭。

芽孢杆菌的来源初步判断为水库原水受环境污染，致使芽孢杆菌进入水厂并在水厂构筑物中滋生。

3. 采取的措施

芽孢杆菌问题是近年来深圳自来水生产中遇到的新问题，经过一段时间的摸索，在原水芽孢杆菌污染依然存在的条件下，总结了一套行之有效的应对方法，总体上实现菌落总数可控。

（1）加强水质检测。一旦在日常检测中发现芽孢杆菌（图1.2.6-1），或工艺流程中菌落总数明显升高的情况，立即加强原水、滤后水、出厂水菌落总数和余氯的检测。

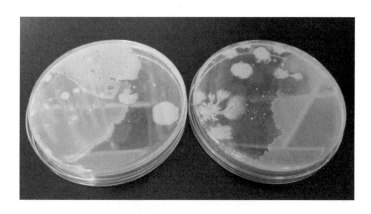

图1.2.6-1　芽孢杆菌培养皿

（2）全流程降浊。调整碱铝投加量、增加PAM助凝剂、滤前二次投矾、加强沉淀池排泥及滤池反冲等措施（图1.2.6-2），尽可能降低流程水及出厂水浊度，以保证消毒效果。

（3）强化预氧化措施。适当增加次氯酸钠、二氧化氯预氧化的投加量；启动滤前加氯，控制滤后水余氯0.5～1.0mg/L；应尽可能停止补加氯，通过提高滤前和滤后余氯/总氯控制值，保证出厂水余氯/总氯符合内控要求。

图1.2.6-2 开展滤池清洗工作

（4）适当提高出厂水余氯/总氯。在满足国标的前提下，提高消毒剂投加量，将出厂水余氯/总氯控制值提高0.3 mg/L。

（5）二氧化氯/单过硫酸氢钾等药剂浸泡。对滤池进行二氧化氯（浓度高于400mg/L）浸泡；以及单过硫酸氢钾等新型氧化药剂浸泡试验。

4. 总结提高

（1）从时间分布上看，原水中芽孢杆菌6～9月份处于较高水平，芽孢6～7月份略高于其他月份。长流陂水库原水芽孢杆菌检出率约76%，石岩水库水芽孢杆菌检出率为100%；两水库原水的芽孢检出率均为100%（图1.2.6-3）。

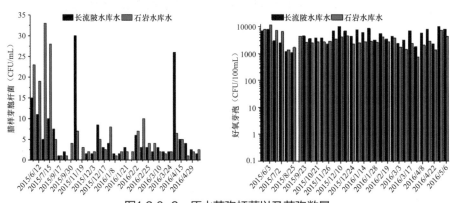

图1.2.6-3 原水芽孢杆菌以及芽孢数量

（2）水厂常规工艺无法完全消除芽孢杆菌爆发风险，集团公司对芽孢杆菌问题进行了专项研究。发现经混凝沉淀后，水中芽孢杆菌降低为0～5 CFU/mL，检出率为5%；过滤处理后，出水中芽孢杆菌较沉后水略微增加，为0～10CFU/mL，检出率为15%；经消毒处理后，芽孢杆菌再次降低，为0～5 CFU/mL，检出率为5%（图1.2.6-4）。

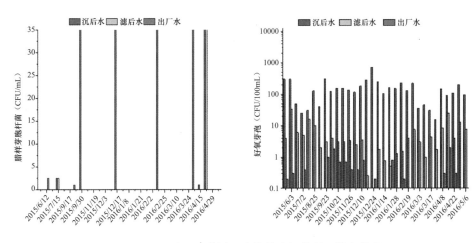

图1.2.6-4　水厂工艺过程中的芽孢杆菌以及芽孢数量

（3）鉴于芽孢杆菌在水厂流程中的生长规律，水厂控制芽孢杆菌的关键应围绕以下方面：预氧化阶段促进芽孢杆菌转化成芽孢、混凝沉淀单元加强对芽孢的去除、滤池单元抑制芽孢杆菌的滋生。具体措施包括：

1）在芽孢杆菌生长活跃期为5～9月，加强原水检测与预警，提前做好工艺调整。

2）提高预氧化剂投加量，间歇性开启滤前次氯酸钠投加，抑制芽孢杆菌滋生。

3）强化混凝，降低沉后水浊度。

4）加强滤池含泥率等参数检测，调节滤池反冲洗强度，加强反冲，抑制芽孢杆菌滋生。

5）一旦芽孢杆菌在滤池大范围爆发，可考虑高强度氧化剂浸泡灭活。氧化剂可采用臭氧、紫外、H_2O_2、单过硫酸氢钾、ClO_2、NaClO，芽孢灭活率100%的CT值依次为：臭氧（5）＜紫外＋H_2O_2（100）＝单过硫酸氢钾（100）＜ClO_2（300）＜H_2O_2（600）＜NaClO（1200）。

（4）由于水厂常规工艺无法完全消除芽孢杆菌爆发风险，未来可通过深度处理改造解决芽孢杆菌问题。根据深水宝安的研究结果，陶瓷膜可实现芽孢杆菌的100%截留，陶瓷膜工艺配合次氯酸钠或过氧化氢可实现截留后彻底灭活。

1.2.7　中小水厂新增排泥水应急处理设施的工程实践

1. 事件描述

深圳市原特区外的水厂，由于早期多为各街道自建，普遍存在建设标准低、未经环保验收等问题。除个别建有排泥水处理措施外，其余绝大多数水厂均无排泥水处理措施。

自2017年起，为响应"国家、省、市、区"的环保要求、深入贯彻"水十条"等政策法规、履行环境责任、全力配合政府水环境治理工作，集团公司原特区外的水厂开始全面推进排泥水设施应急工程建设工作。

集团公司结合水厂现状、用地情况、建设周期综合考虑，初步拟定了排泥水处理项目实施方案。根据《深圳市给水系统整合研究与规划》中对各水厂近期远期定位，充分考虑各厂现状和建设周期，确定开展应急工程的水厂包括深水宝安新安水厂、凤凰水厂、上南水厂、松岗水厂、五指耙水厂、深水光明上村水厂。

在现状净水厂建设排泥水处理设施，需要克服用地紧张、进度要求紧、边施工边生产等困难。再加上无预留用地和土地权属不明等因素，无法新建大规模排泥水处理构筑物。集团公司经过充分的调研和论证，采用了"回收水池-储泥池-污泥脱水"短流程污泥处理工艺及混凝土与钢制设备结合的集约型排泥水处理设施，精简了传统的污泥调节及浓缩单元，节省了占地及基建投资，实现了水厂排泥水合规处理处置。

2. 改造方法

（1）新建钢结构储泥池与污泥料仓；

（2）对水厂内现状回收水池进行改造，增加底部刮泥机和气提排泥装置，使回收池底部的污泥能够顺利收集；

（3）污泥脱水单元由外委单位的移动式叠螺机完成，脱水后的污泥含水率可降至80%以下；

（4）脱水后产生的干泥进入污泥料仓储存后外运处置；

（5）增加回收水池投药系统，以便更好地实现泥水分离；

（6）新安、上南、松岗、五指耙、凤凰水厂在回收池创新尝试增加漂浮回收装置，将回收池上清液回用，减少污泥量，提高浓缩池进泥浓度，提升了浓缩池的处理效果；

（7）对水厂部分排水系统、电气和自控仪表进行改造。

水厂改造情况如图1.2.7-1～图1.2.7-4所示。

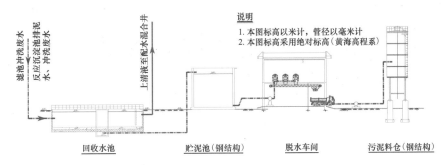

图1.2.7-1　回收水处理工艺流程图

图1.2.7-2　新增的水厂排泥水处理设施

图1.2.7-3　集约型排泥水处理设施

图1.2.7-4 水厂漂浮回收装置

3. 成果及经验总结

各水厂的排泥水处理应急工程于2017~2018年相继完工并投入使用，目前各厂均运行稳定，污泥含水率均不高于80%。此项应急工程在不增加水厂占地、不影响正常生产、最大限度节省投资的基础上，实现排泥水合规处理处置，又通过生产废水回收降低了3%左右的自用水。实现了供水保障与环境保护的双赢，充分体现了低碳环保、可持续发展的理念。

短流程污泥处理工艺与约型排泥水处理设施的组合，也为无排泥水处理设施、用地紧张的水厂整改提供了方向。此次集中整改，各单位充分参与、认真总结，形成了关于水厂污泥脱水设施建设和生产的以下经验总结：

（1）关于设计参数

1）污泥量。根据深圳经验，采用英、美、日等国的污泥计算公式算出干泥量约为实际生产产泥量两倍。

2）污泥浓缩效果。设计均按浓缩出泥含水率98%或97%计算，深圳原水特点为低浊高藻水源，实际生产中浓缩池出泥含水率在99%以上，远达不到设计要求。

（2）关于运行管理

1）沉淀池排泥优化：在保证水质前提下，可充分利用沉淀池的浓缩功能。斜管沉淀池可通过分区排泥方式，控制不同区域排泥周期和排泥历时；平流沉淀池可通过桁车行程控制，避免过度排泥。

2）排泥池优化：排泥反冲分开收集的水厂，排泥池一般采用搅拌匀质形式进入浓缩池；可利用两次进泥间隙时间进行自然沉淀（30min左右），滗去上清液，提高浓缩池进泥含固率。

3）浓缩池运行模式：根据水线和泥线运行工况，结合脱水能力，选择连续运行或者间歇运行。

（3）关于回用水水质

1）回收水污染物富集：反冲洗水或浓缩池上清液回用时，不可避免产生微生物、有机物、致嗅物质（如2-甲基异莰醇、土臭素）、锰等富集，增加水质风险。回用过程需充分评估对水质的风险。

2）浓缩池上清液处置：浓缩池采用PAM调质且回用的水厂，建议采用食品级阴离子PAM；条件允许的水厂，建议上清液排泥市政污水管网或采用无污染絮凝剂。

（4）自来水厂排泥水处理未来发展要求

未来预计水厂需实现零排放，或污染物排放限值满足《水污染物排放限值》DB 44/26—2001第二时段二级标准，对于泥饼含固率要求更高，含固率≥40%。

1）条件允许时，坚持沉淀池排泥水与滤池（包括膜系统）冲洗水分开处置，慎用综合调节池；

2）通过排泥池、排水池优化参数、合理分格等措施，解决不能应急排放问题。

3）增设机械（预）浓缩设施，正常运行时提高浓缩效果，应急状态取代传统浓缩池。

4）预留深度脱水设施位置。

5）增设料仓、污泥中转站等污泥临时存储设施。

1.2.8 优化排泥系统运行实现节能减排

1. 事件综述

一般情况下净水厂自用水量的主要组成部分是排泥水量，某水厂通过优化反应池、沉淀池排泥设备的运行控制，有效减少了排泥水量、提升了排泥水含固率、减少了提升电量、降低自用水率，取得较好的节能降耗、提质的效果。

2. 改造方法

经过观察分析，沉淀池底泥积泥高度呈不均匀分布状态。随不同季节、不同水质情况和投加药剂的变化，池底积泥的分布情况有明显不同，但积泥高度分布呈前高、中平、后翘的积泥曲线形态基本不变，其中从起始点到30%位置为相对高积泥区的情况明显，而如果投加如活性炭等助凝剂则从起始点到15%位置为相对高积泥区的情况明显。反应池因水流流速由快递减、絮体颗粒由小渐大，池底积泥基本分布在反应池和沉淀池的过渡段及第三段平行直板后段的情况较为明显。

反应池、沉淀池排泥设备包括：排泥阀、反应池过渡区吸泥车、沉淀池吸泥车。针对各排泥设备的运行优化控制措施如下：

（1）排泥阀优化控制，根据排泥水浊度（不高于100NTU）分别设定不同阀门的开启时间，控制排泥水量。

（2）沉淀池吸泥桁车运行优化控制（图1.2.8-1），根据沉淀池底部积泥规律，采用可调分段式排泥模式，设计了排泥行程分别为15%、30%、100%三种不同的排泥模式，并设计相应的上位机管理界面，可便利的根据水质和药剂投加情况定制相应的排泥计划（排泥计划最长可设定为7天周期）。

（3）反应池过渡区吸泥车运行优化控制，根据排泥水浊度将吸泥车的双行程改为单行程、缩短前进行程距离、重点积泥区域强化排泥（图1.2.8-2、图1.2.8-3）。

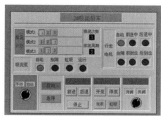

图1.2.8-1 桁车运行自控界面　　图1.2.8-2 水厂桁车　　图1.2.8-3 水厂排泥阀

3. 成果

经计算，优化运行控制后，水厂每年减少排泥水量约24万m³，每年节约电量2万度，同时有效降低余泥处理系统的负荷、减少PMA药剂投加量。

4. 可借鉴的举措

通过优化排泥设备的运行控制，可有效减少排泥水量、提升排泥水含固率、减少提升电量、减少处理电量和药剂成本等。其可供借鉴的举措有：

（1）可调分段式排泥模式，适用于平流沉淀池排泥控制，效果明显。

（2）根据排泥水浊度优化各排泥阀的时间，可减少排泥水量。

1.2.9　碱铝投加搅拌方式优化

1. 事件描述

2017年4月某水厂结合自身特点改造和优化了碱铝投加点，将原投加在反应池的碱铝，改为直接投加原水进水管中，利用原水管道水力搅拌替代反应池搅拌机的机械搅拌对碱铝混合反应进行优化创新（图1.2.9-1），在生产实际中取得了良好的生产安全和节能降耗效果，并有一定的普及推广价值。

图1.2.9-1 碱铝投加搅拌方式优化过程

（1）调研。该厂反应池搅拌机使用年限超过10年，设备老化和轴杆弯曲变形严重，发生过三次因故障维修而停摆的情况，给生产和水质安全保障带来极大风险隐患。经过实地勘查和反复比较，决定通过改造优化投加点，利用水力搅拌替代机械搅拌方式来解决此安全隐患。

（2）确定优化方案并实施。在方案确定后，利用公司自身力量进行投加点和投加管路优化改造。

2. 原因分析

该厂原来碱铝投加点在反应池，依靠搅拌机运转进行机械搅拌混合反应。因搅拌机因使用年限久远等原因，搅拌机故障频发，在搅拌机故障停摆期间，出现碱铝投量增加、絮凝反应效果差、出厂水铝超标风险增加等水质安全隐患。

3. 总结提高

（1）提升了生产和水质安全保障能力。

经过一年的优化运行，絮凝反应效果、沉后水浊度、碱铝投加量等指标均不差于原机械搅拌效果，水力搅拌已完全可替代机械搅拌。大大降低了因搅拌机老化故障而产生的风险隐患，提升了莲塘水厂生产和水质安全保障能力。

（2）取得了节能降耗的良好经济效益。

1）水力搅拌替代机械搅拌后，莲塘水厂年节省电量约11500kWh，节省电费约9200元；

2）优化后的碱铝单耗与前三年平均单耗比较，降幅达20.6%（优化是其中一个影响因素，其他的影响因素有原水水质、强化管理等），节省药剂费用约29000元。

（3）其他条件相近或遇到相似问题的水厂均可借鉴该厂碱铝投加搅拌方式优化的思路、方案和结论，同时结合自身条件进行试验和应用，以取到生产安全和节能降耗的效果。

1.2.10 沉淀池出现大面积黄色漂浮物的应对处置

1. 事件描述

2018年1月20日14:00左右，某水厂运行值班人员报告：水厂沉淀池表面飘浮着大量黄色漂浮物，并且漂浮物的量仍在不断增长；黄色漂浮物产生原因不明，对水质的影响未知。为保障生产安全，该水厂迅速组织相关技术人员前往沉淀池查看，发现值班人员报告情况属实。根据肉眼观察沉淀池表面（图1.2.10-1）及打捞取样的黄色漂浮物（图1.2.10-2），发现漂浮物的性状和沉淀池积泥有诸多相似之处：易被打碎，与水相溶，并且打碎后容易沉淀。根据理论知识和经验分析，初步判断此黄色漂浮物的产生为沉淀池矾花气浮现象。

图1.2.10-1　沉淀池表面漂浮的黄色漂浮物

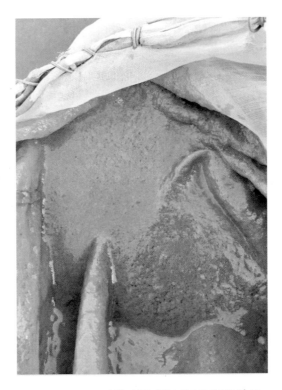

图1.2.10-2　通过打捞取样的黄色漂浮物性状

2. 原因分析

通过对运行情况的回溯调查，技术人员对初步判断进行了验证：调查显示，当天上午某原水泵站因跳闸导致机组停机，水厂原水输送有过20min的中断。在这段时间里，大量空气可能进入了原水输送管道；再次开机后，这部分空气随着原水一起输送至水厂；空气与水厂在絮凝过程投放的碱铝混合后，产生了矾花气浮现象。

为解决这一问题，该水厂各级人员迅速采取了应对措施。首先，召集现场所有的工作人员使用简单的工具（如水桶、水瓢、渔网等）对黄色漂浮物进行打捞，并通过搅拌使黄色漂浮物破碎，因为破碎的漂浮物更易于沉淀回池底。但这样的措施覆盖面不足，只能处理靠近池边的黄色漂浮物，而对池中间的大量黄色漂浮物无能为力。对此，采用了消防水枪喷淋的方法作为第二套措施：将消防水带和喷枪安装在沉淀池上的消防栓对池面进行喷淋（见图1.2.10-3）；由于喷淋距离较远，此举措可以实现沉淀池的全覆盖。消防水枪对将沉淀池中间的黄色漂浮物快速喷散、使得矾花沉入池中，产生了明显的效果（见图1.2.10-4）。经过数小时喷淋后，黄色漂浮物已基本处理干净（见图1.2.10-5）；通过水质检测发现，砂滤后的水质并未受到明显影响。

图1.2.10-3　工作人员用自来水进行喷淋

图1.2.10-4　被自来水喷淋打碎的黄色漂浮物

图1.2.10-5　经过喷淋处理后的沉淀池

3. 总结提升

此事件是该水厂自运行以来首次遇到矾花气浮现象，也是理论学习中阅读过的突发案例在现实中的呈现，给全体水厂工作人员上了重要一课。

通过对事件的分析和文献查阅，矾花气浮产生的原理主要是，水中混入的高度分散的微小气泡粘附于水中的矾花上，使矾花浮力大于重力和上浮阻力，从而使其无法沉淀，而使呈泡沫状浮于沉淀池的表面。我们进一步对水厂矾花气浮的现象的一般产生原因进行了总结：

（1）原水流量过小或停止从而未能充满原水输送管道，导致气体随管道输送至水厂（这也是本次事件的产生原因）；

（2）气体通过水泵盘根或者吸水口吸入；

（3）原水在进入水厂后在构筑物输送过程中发生跌落，使得大量气体混入。

只要对这三种突发情况保持警惕，就能够对矾花气浮现象进行预判，从而可以在该现象出现之前布置好应对措施。

此外，矾花气浮现象产生之后，喷淋水枪喷射打散黄色漂浮物使其沉淀是一种快速有效的应对方法。该方法操作简单，覆盖范围大，见效快，且对水质没有明显影响。

1.2.11　格栅机突然出现大量贝壳及絮状物的应对处理

1. 事件描述

2017年9月20日16:00左右，A水厂报告：该厂的原水浊度较高，呈黄色，出现大量絮状物，且在原水中发现贝壳。由于B水厂的一期工程和A水厂的原水取自同一水库，B水厂接到此信息后，立即通知生产技术部运行人员密切关注本厂的水质变化，并派人到格栅井现场检查有无格栅堵塞情况。下午16:40左右人工手动开启格栅机，运行情况一切正常。下午17:10，运行人员通过远程监控发现格栅机井液位在缓慢上涨，于是水厂立刻安排技术人员前往现场开启格栅机，但此时格栅机已经无法启动。B水厂立即请示并征求集团公司调度同意后，首先减小1号进水闸板的开度，适当降低一期进水量，以避免出现溢流状况（图1.2.11-1）。

降低进水闸板的开度后，随着1号格栅机液位逐步降低（图1.2.11-2），不断点动尝试开启格栅机，直至某个液位格栅机能够正常运行（图1.2.11-3）。此时发现格栅机堵塞严重，如图1.2.11-4及图1.2.11-5所示。

图1.2.11-1 格栅机井达到溢流液位

图1.2.11-2 关小1号进水阀后，该池液位下降 图1.2.11-3 液位降低后，格栅机可以运行

图1.2.11-4 格栅机上挂满了贝壳及絮状物

图1.2.11-5 被堵塞的格栅机

2. 原因分析

出现这种大量的贝壳，主要原因是东湖泵站调整加氯量和原水管道流量发生变化所致。加氯量的调整使得附着在原水管道内的贝壳出现死亡，而原水管的流量变化加剧了附着在管道内壁的贝壳的大量脱落，从而出现了原水输送至水厂时出现大量絮状物（主要成分为贝壳肉）及贝壳。

尽管B水厂事先得到了A水厂的信息预警，但还是出现了进水堵塞的情况，原因是反应时间预留过短，且大量贝壳的短时间冲击对格栅堵塞造成的巨大影响难以估计。

针对这种情况，B水厂又做了如下总结和调整：

（1）一接到贝壳预警通知，就将格栅机运行启动周期由日常的2h调整为1h，但发现实际调整力度不够，不能满足现场需要，于是进一步将运行启动周期调整为半小时，运行时间为4min。

（2）经过这次突发事故检验，发现最初设置的报警水位偏高，预警及时性不够，重新调整到6.0m报警（正常运行液位小于5.9m）。

（3）运行人员发现格栅机液位报警，应立即远程启动格栅机，并通过监控画面观察贝壳情况。

（4）当远程无法开启清污机时，应立即通知公司调度减少水量，并派专业人员前往现场进行操作。

幸运的是，本次事件未对后续水质产生明显影响。原因是，绝大部分贝壳都能够通过格栅机进行截留和去除，而絮状物可以通过絮凝过程进行较为完整地去除。

3. 总结提高

突发的贝壳能在几分钟时间里就可以快速地堵塞格栅机；一旦格栅机被堵塞，格栅井液位升高，格栅机就将因负荷大而无法运行，出现水满溢流，影响水厂的正常生产，只有被迫停水进行清理。因此，水厂需要在接到预警后短时间内做出快速反应，比如事先调整格栅机运行周期或连续开启运行，可防止格栅机堵塞问题。而一旦出现格栅机堵塞严重、无法运行情况，可以先尝试申请降低进水量，待液位降低后，再采用点动模式尝试启动格栅机，一般液位降低到正常运行水位1m以下后，都能启动格栅机，从而最大化降低对生产的影响。

最佳的控制方式是：格栅机井采用液位差计控制，格栅机前后存在液位差（可设定5～20厘米）后，即可启动格栅机运行。

1.2.12 双阀滤池滤料堵塞处置

1. 事件描述

某水厂二期滤池采用单水冲洗方式，水冲强度不够，小阻力配水系统致使反冲洗过程配水不均，被吸附到滤料表面的悬浮物无法被彻底去除，逐渐累积并相互粘附、集结、增加、密实、加重、球状化，滤池滤料堵塞情况严重，含泥率达到1.83%。滤后水浊度由原来的0.18 NTU上升至0.28 NTU，过滤效果差。此外，该厂原水在高温降雨季节（6～10月）铁、锰离子含量较高，需要投加高锰酸剂进行处理，投加高锰酸钾后过程水色度较高，故出厂水浊度、色度存在不达标的风险。

技术人员针对该问题采取了如下应对措施：

（1）提高滤池反冲洗频次

滤池反冲洗频次由原来的每24小时一次缩短至每12小时一次。冲洗后，技术人员对不同滤层滤料取样，并检测各样品含泥量，取样深度依次为10cm、30cm、50cm，不同滤层滤料含泥量分别为1.83%、1.11%、1.42%。检测结果表明，冲洗后的不同滤层滤料的含泥量均在3%以内，满足正常滤层含量运行标准。该结果说明，加强反冲洗是改善滤层板结的方式，但能耗较大，需从彻底清洗滤料的角度进一步改善。

（2）采用弱酸对滤砂表层清洗（图1.2.12-1）

图1.2.12-1 弱酸清洗

在保障出水水质前提下，为缩短反冲洗频次，尝试采用弱酸清洗滤层，具体措施如下：

1）滤池中保留一定的水量（滤砂上水位高度20cm），在滤池中加入适量弱酸混合，混合后滤池中溶液pH为6.0左右，浸泡30min；随后采用水冲反冲洗10min。

2）浸泡并反冲洗完成后，滤池滤后水仍保持在0.253 NTU，清洗后滤料含泥量为1.52%、1.32%、1.21%（取样深度依次为10cm、30cm、50cm），含泥量基本无变化。

该试验结果表明，弱酸清洗效果并不理想。观察清洗后的滤砂，逐步恢复至浅黄色，但滤料的粘结性比较强，分析可能是有藻类滋生的缘故，决定采取人工导入压缩空气加强对滤料冲洗。

（3）采用空气压缩机对滤砂强化曝气搓洗（图1.2.12-2）

图1.2.12-2 空气压缩机对滤砂强化曝气搓洗

空气压缩机型号为E790，功率7.5匹（1匹＝735W），接4分镀锌管，管口出气孔共24个，分四列，每列六个，孔径为3mm。水厂二期滤池共有16小格，每格面积12m²，每格曝气30min，曝气完毕后用水冲反冲洗10min，每天对滤池曝气处理一次，连续72h对滤池曝气处理。曝气处理后，现场观察滤砂，发现滤砂较曝气冲洗前较为蓬松，且滤砂板结程度明显下降，经检测，曝气处理后滤后水浊度下降至0.205 NTU。该结果说明，高强度气冲对滤料板结的彻底改善有显著效果。

（4）拟补充部分新滤砂，增加滤料厚度，加强过滤效果。

2. 原因分析

该厂滤池连续运行时间长达10年，由于滤池长年累月只采用单一水冲反冲洗方式，滤池反冲洗不充分，导致藻类滋生、滤池滤料板结严重，进而导致滤池过滤效果变差，出现滤后、出厂水各类指标数据明显增高。

3. 总结提高

通过本次问题应对，得出以下工程实践经验：

（1）严格执行水厂三级巡检，加强水厂滤池过滤效果预警机制，加强过程水监测及时发现滤池工况不稳定的情况；

（2）高温、多雨季节对滤池滤料进行曝气冲洗，防止滤料板结，堵塞滤池，造成滤池过滤效果降低；

（3）必要时用弱酸溶液对滤池滤料进行彻底清洗；适时补充滤池因反冲洗时流失的滤砂，保持滤料厚度，保证滤池过滤效果。

1.2.13 不同水源混用的原水水质稳定性控制

1. 事件描述

某水厂现有两处原水水源，分别是雁田水库及2号支洞取水泵站。其中，雁田水库原水pH偏碱性，特别在夏季的午后最高可达到10，原水通过两根DN900原水管输送到水厂；而2号支洞取水泵站原水则偏酸性，介于6.5～7.0之间，通过一根DN1400的原水管输送到水厂。当两种原水同时使用时，就会出现以下情况：1）三期生产工艺原水偏碱性，需要投加盐酸降低原水pH。2）一、二期生产工艺则偏酸性，需要投加石灰提高pH。这就导致三组工艺虽然处理水量一样，但投加药剂的种类和数量各不相同。这对水厂的管理提出很大的要求，也为运行班的值班员工带来很大的困扰。为此，技术人员决定对原水管进行改造，使得原水能够平均分配到不同的配水井，以解决上述问题。

在正式对原水管进行改造前，先对两种原水按不同配比混合进行烧杯搅拌试验，保证该方案的可行性。烧杯试验首先对两股原水水质进行检测，结果见表1.2.13-1。

原水水质参数　　　　　　　　　　　　　　　　　表 1.2.13-1

原水参数			
名称	水温	浊度（NTU）	pH
二号支洞	28.9	2.22	6.74
雁田水库	28.9	14.2	8.61

由表1.2.13-1结果可知，两处原水的pH和浊度均差异较大。根据水质预判，进行原水水量不同比例的混合，设置1号～6号，共6组不同原水水量混合比例的试验组，进行烧杯试验，考察在现有工艺条件下，不同原水混合比例对出水水质的影响，结果见表1.2.13-2。

原水混合后水质参数 表 1.2.13-2

项目 \ 编号	1号	2号	3号	4号	5号	6号
二号支洞：雁田水库混合比例	1：2	3：7	4：6	5：5	6：4	7：3
pH	7.32	7.36	7.35	7.15	7.08	7.00
浊度（NTU）	6.64	8.6	8.44	7.99	6.13	4.98
矾液投加量（mg/L）	30	30	30	30	30	30
出水浊度（NTU）	0.35	0.32	0.35	0.29	0.29	0.30
出水pH	7.36	7.41	7.32	7.21	7.10	7.07
絮凝沉降情况	效果一般	矾花较多，沉降快	矾花较多，沉降快	矾花较多，沉降快	矾花细、略少	矾花细、少、沉降慢

由表1.2.13-2可知，当二号支洞：雁田水库混合比例在4：6～5：5之间时，出水水质达到最佳效果，即矾花较多，沉降快，出水浊度低。

上述结果说明，原水混合混合后，出水水质可达标且药剂投加量在可控范围内，上述烧杯试验结果说明，原水混合方案是切实可行的。因此，基于烧杯试验结果，技术人员决定对二号支洞原水管进行改造，新开一个口，接一根DN500的钢管至三期配水井，改造前后如下图1.2.13-1和图1.2.13-2所示：

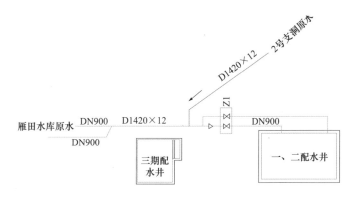

图1.2.13-1 改造前原水管

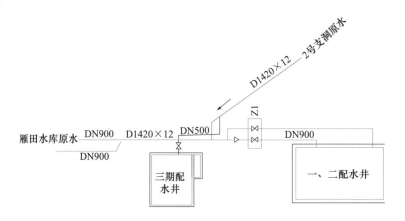

图1.2.13-2　改造后原水管

改造完成后，通过调节阀门开度，成功改善了不同原水给生产所带来的困扰。

2. 原因分析

集团公司自2017年接收2号支洞取水泵站以来，该厂从单一水源变成了双水源，极大了提高了原水保障性，两水源通过不同原水管道输送到水厂，并最终于一、二期配水井与三期配水井之间进行碰口连通。但由于雁田水库夏天时光照较强，原水藻类容易大量繁殖，pH也会随着每天下午气温的升高而提高，而2号支洞取水泵站原水取自地底隧道，不存在上述问题。这就导致两处原水水质差别很大，处理方法也各不相同。当雁田取水泵站无法满足取水要求时（例如部分水泵检修），需抽取2号支洞原水作为补充。但由于两根原水管碰口位置不恰当，两种原水无法充分混合就分别进入不同配水井，这就导致了上述问题的出现。

3. 总结提高

本次改造的成功实施，对于解决水厂因同时使用不同水质的水源而引起的生产管理问题起到一定的参考作用，但实施原水混合协同调度引水钱，需通过烧杯验证可行性并找出最优的混合比例，以达到改善水质或者中和某些指标的目的。

1.2.14　出厂水铝浓度异常原因分析及应对

1. 事件描述

2017年3月，某水厂检测出水余铝平均值达0.174mg/L（表1.2.14-1），接近国标限值要求0.2mg/L。厂内立即展开自查，并采取以下措施：

（1）回流排泥水，提高原水浊度。将沉淀池排泥水回流至反应池，使原水浊度由

3～5NTU提高至10NTU左右，将回流污泥作为絮凝剂参与混凝反应，促进胶体碰撞及成核，改善反应池混凝效果（图1.2.14-1）。

措施前出厂水质   表 1.2.14-1

类别	原水	滤前水	滤后水	出厂水	管网末梢	国标
铝	0.01	0.212	0.168	0.174	0.204	0.200
浊度	7.88	1.99	0.25	0.28	0.89	1.0
pH	6.40	7.20	7.20	7.20	7.20	6.5－8.5

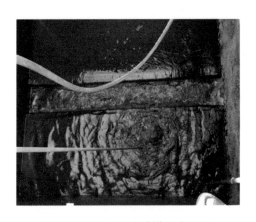

图1.2.14-1　沉淀池排泥水回用

（2）增加高锰酸钾预氧化，强化助凝效果。在配水井中投加一定量的低浓度高锰酸钾溶液，利用水合二氧化锰提高助凝效果。

（3）调整石灰投加量，优化控制原水pH。严格控制反应沉淀水pH在7.6以内，反应水pH过高不利于混凝反应，容易造成溶解性铝离子不能高效利用，形成沉淀物，不利于滤前水余铝的控制。

（4）开展烧杯试验，优化PAC投加量。通过混凝剂烧杯实验合理确定净水药剂投加比例，经多次实验测得最佳矾耗为3～3.5mg/L。

（5）提高沉淀池排泥频次，避免矾花上浮。增加沉淀池排放频次，采取强制8h一次排泥，改善沉淀效果。

（6）加强水质检测频次，及时调整工艺措施。对原水、过程水、出厂水、管网水进行每天3次余铝检测，并将结果进行比对分析，随时掌握和调整投药量及措施。

出厂水水质中余铝及浊度超标等问题得到全面解决，出厂水余铝含量降至

0.089mg/L，管网末梢水样余铝为0.116mg/L（表1.2.14-2），出厂水及管网末梢水完全符合《生活饮用水卫生标准》GB 5749-2006限值要求，避免出水水质铝超标风险。

措施后出厂水质 表 1.2.14-2

类别	原水	滤前水	滤后水	出厂水	管网末梢	国标
铝	0.01	0.145	0.071	0.089	0.116	0.200
浊度	3.82	0.96	0.30	0.25	0.13	1.0
pH	6.40	7.20	7.10	7.10	7.0	6.5-8.5

2. 原因分析

原水中铝的含量相对很低，基本可以忽略，但出厂水余铝超标，理论分析可能是因为自投放的聚合氯化铝（PAC）在混凝沉淀过程中未能彻底反应生成絮体，并被滤池过滤截留，由此导致残留的铝离子进入清水池，导致出厂水余铝偏高。初步分析，出水铝盐超标的深层原因可能是混凝效果不佳导致，为进一步验证该预测，对原水浊度及混凝过程进行分析，结果发现：

（1）原水浊度在10NTU以下，低于常规水平；

（2）在常规处理和正常投药量条件下，混凝过程难以产生矾花，混凝沉降效果差；

（3）在常规工艺条件下，滤后水浊度、余铝均超出内控指标。

基于以上分析，初步判定可能是因为原水颗粒物粒径小、大多呈现胶体，浊度低，以现有的混凝工艺难以形成易沉降大粒径絮体，从而造成出水浊度、色度及铝离子超标。

3. 总结提高

（1）在常规工艺条件下，如出现出水铝离子、浊度等超标现象，应首先对原水、滤后水及出水水质进行分析检测。

（2）如检测结果发现原水铝浓度低于出水浓度，原水浊度低于常规水平（<10NTU），且混凝池矾花松散，不成团，滤后水浊度较高，则应首先考虑现有工艺无法有效完成低浊度原水的混凝沉淀过程。

（3）得到初步结论后，应采取相应措施强化混凝及过滤效果，主要包括：1）考虑采用沉淀池污泥回流至于反应池，作为助凝剂参与混凝反应，强化混凝效果，改善矾花形态；2）强制每8h排泥和滤池反冲洗，改善沉淀池沉淀及滤池过滤效果；3）投加点浓度的高锰酸钾溶液，改善混凝效果；4）当普通滤池过滤效果较差时，单水反冲不干净造成结板、穿透，可考虑外部鼓风机给滤料适当曝气冲洗。

1.3 设备管养

1.3.1 反冲泵开盖维修过程中冒水

1. 事件描述

2017年9月21日，某水厂运行人员巡检中发现4号反冲泵震动和声响异常。维修人员检查发现轴承磨损，决定进行更换。

开盖前，维修人员按维修规范对4号反冲泵进行停电、挂牌、关阀，对3号反冲泵转至半自动控制模式。开盖时，因泵壳间的连接螺丝有部分锈蚀在壳体内，拆卸困难，开盖工作持续较长时间，见图1.3.1-1。期间3号反冲泵意外启动，反冲水从4号反冲泵出口处倒灌。幸好维修人员及时将3号反冲泵停机，避免了水淹泵房或其他人身伤害事故发生。

2. 原因分析

（1）如图1.3.1-2所示，4号反冲泵与3号反冲泵的出水最后汇聚在一条总管上。若所有阀门正常，维修4号反冲泵时，只需将4号进、出水阀门关闭即可。因4号出水阀关不严，故将3号、4号总出水阀关闭和3号反冲泵转至半自动，未彻底切断相关管路。

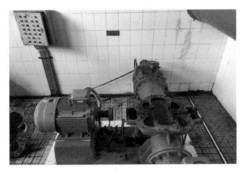

图1.3.1-1 4号反冲泵开盖维修

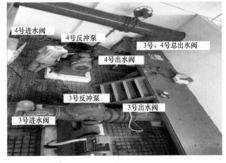

图1.3.1-2 反冲泵前后阀门示意图

（2）维修时为防止4号反冲泵异常启动，已将4号反冲泵机组电源进行了断电、挂牌并将抽屉柜拖出。3号反冲泵已转至半自动状态，按以往控制程序，只有人为开启3号反冲泵时，其机组才会运行，故3号反冲泵未与4号反冲泵作同样的处理。

（3）2017年5～7月，为解决水厂V型滤池自控系统通信不稳定和控制柜锈蚀的问题，某外委公司对水厂V型滤池自控系统进行改造。更换了10个就地控制柜和原有控制程序。因原程序中滤池控制与反冲洗程序在一起，改造时对滤池与反冲洗程序重新进行了编写。新程序中，反冲泵在半自动状态与全自动状态功能一样，但水厂人员并不知晓，故发生3号反冲泵在半自动状态下自动启动。

3. 总结提高

（1）检修工作中，应全面考量所有风险因素，排除可能存在的安全隐患。如本次检修时，应将3号反冲泵机组电源断电、挂牌，并将抽屉柜拖出。

（2）做好技改交底工作。生产操作控制程序功能上修改后应及时告知水厂技术人员，并做好相关的技术交底培训，避免操作人员因不知情而发生意外。

1.3.2 高压送水泵频繁跳闸问题排查

1. 事件描述

某水厂有4台500kW、6kV高压变频器机组，运行人员在2018年5月15日开6号机组时，发现高压开关柜远程（中控）和现场都无法合闸。维修人员检查发现变频器柜发出故障报警，检查后未发现故障，复位后报警消失，交付使用。在9:13正常开机后，10:58出现停机跳闸故障（变频器柜人机界面显示PLC停车指令），该机组处于维修中。5月17日9:00在未开机的情况下报电机超温重故障，复位后开机运行约2h后又报电机超温，变频器急停，但现场电机本身没超温信号，电机并未运行。

2. 原因分析及应对措施

（1）双速阀故障：双速阀机械故障、线圈失电导致阀门关闭，电机停止，已排除。

（2）变频器故障：变频器出现故障，内部发出紧急停机指令，已排除。

（3）有外部输入信号，导到正常运行的机组停机或报警。通过检查发现变频器和就地柜的控制电缆由12股1平方多股线组成，其中包括开、停机信号，指示信号，报警信号等。既有220V的强电信号也有24V的弱电信号，在电缆绝缘能力降低的情况下强电信号串入弱电信号中，导到正常停机（重故停机等）信号接通，造成经常性自停机现象。如下分析处理：通过查看就地控制柜电路图（图1.3.2-1），电机正常的停机信号是KA7（常开触点603-411到变频器PLC输入端"远程停机"）、故障跳闸信号是KA8（常开触点603-432到变频器PLC输入端"故障跳闸"）。同一控制电缆线里有交流220V信号线也有直流24V信号线，在未断开交流信号的情况下，603线本为12V直流信号，但检测其感应电压为110V，明显高于输入电压，有可能使PLC动作，发出停车指令。

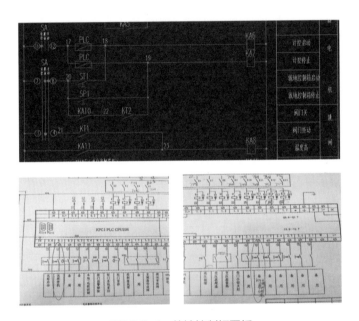

图1.3.2-1　就地控制柜图纸

针对这一情况，（控制电缆无屏蔽层）作出线路改造使强弱电分开，在同一电缆线里，将交流220V信号线单独给到变频器柜，线路改为经高压开关柜（就地柜至高压柜同股电缆线，见图1.3.2-2）后再给到变频器柜（高压柜至变频器柜同股电缆线，见图1.3.2-3）。

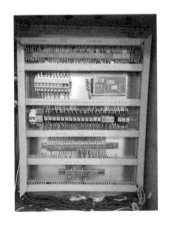 

图1.3.2-2　改造后就地控制柜　　图1.3.2-3　改造后变频器柜

3. 总结提高

（1）在工控系统中强弱电一定要不同电缆线分设（弱电使用屏蔽电缆并作好接地），避免相互影响。此类案例属于比较常见的故障，因现场没有明显的故障点（如：断线、烧毁、元器件损坏等），检修时存在难度。高压变频水泵作为一套系统关联设备，相互之间紧密联系，在设计之初应做到强弱电分开敷设，如果条件不允许，一定要使用屏蔽电缆，并做到两端屏蔽线接地的牢固可靠，避免强弱电的相互串联影响。

（2）送水泵机组作为水厂最为重要的供水设备，风险点主要在电机、水泵、变频器、双速阀及通信系统。它们的正常运行关乎水厂供水安全。维修、技术人员应注意技术资料保存，熟悉设备的原理、图纸，协同处理相关问题，有助于设备故障的及时修复和优化设备运行效果，满足实际生产需要。

1.3.3 送水泵故障停机反转问题应对

1. 事件描述

2014年6月19日，某厂运行人员接到集团公司调度指令停3号送水泵机组时，中控无法停机，现场手动停机也失灵。在采取"急停"措施后，由于出水阀门未能关闭，造成电机、水泵反转约1min，对水泵填料、轴承、叶轮和电机绕圈、轴承等造成一定损伤。

2. 原因分析

水厂水泵供水相关设备：进水手动蝶阀DN800——500kW水泵机组——出水电动双速闸阀——出水手动蝶阀DN700。

正常情况下，水厂高压送水泵开停机流程如下：1）开机流程：启动——电机运行——转速达900转——开启双速阀——机组正常运行；2）停机流程：停机——双速关闭——阀门关到位——电机停止运行。

分析故障可能的原因如下：1）计控问题：通信不畅或者PLC模块故障；2）设备故障：阀门或线路问题。

先通过联动开机排查是计控问题还是设备问题。6月20日维修人员进行开停机调试，中控开机正常，中控停机操作无效，现场按"急停"后，电机停止运行，双速阀仍无反应，且手动、电动操作都不能关阀。最后，只能手动关闭水泵出水DN700手动蝶阀，防止电机反转。至此，可以判断为双速阀故障。

最终通过调整双速阀电磁阀磁芯间距，使其在合理位置后，手动开关阀正常，电动调试正常；计控开停水泵机组正常，故障得以排除。

3. 总结提高

（1）分析故障原因，最好在水泵出水阀处加装止回阀，有效防止水泵、电机反转和水锤。但在该改造未施前遇到这种突发情况时，建议按以下步骤采取相应的应急措施。应急停机流程：无法正常停机——关双速阀（可断双速阀电源、手动关阀）——关出水手动蝶阀——现场或高压配电柜急停。

1）先在现场尝试手动（图1.3.3-1）或者电动关闭双速闸阀，电动停阀可关掉双速阀电源L3（图1.3.3-2），防止电机反转。

2）如遇到双速闸阀手动、电动都不能关的情况，再关出水DN700手动蝶阀（图1.3.3-3）；确保阀门（双速闸阀或者手动出水蝶阀）关闭的情况下，再按电机停机按钮（图1.3.3-4）。

3）如出现就地柜按"急停"按钮后也无法停机的状况，应到高压配电间，在高压开关柜上按"分闸"按钮，注意将转换开关应置于"就地"位置（图1.3.3-5）。

图1.3.3-1 手动关闭双速阀　　图1.3.3-2 电动关闭双速阀　　图1.3.3-3 手动蝶阀

图1.3.3-4 电机急停按钮　　图1.3.3-5 高压开关柜

（2）加强设备故障情况下的应急培训工作，使故障设备、故障性质不致扩大和扩散，保障生产的顺利进行。

1.3.4 送水泵房降低能耗、提升可靠性改造案例

1. 成果概述

水厂送水泵机组是供水环节最为关键的设备，它直接影响水厂供水的安全性、可靠性，是水厂最大的能耗设备。由于城市管网的压力不断变化，水泵的工况点也随管道压力在不断改变，水泵选型至关重要，扬程选择过高，低扬程时造成实际运行流量大，导致电机电流增大，影响了水泵的效率。同时送水泵电机运行是否安全、可靠也是水厂供水安全的重要保障。

某水厂北送水泵房配置5台10kV、630kW送水泵机组，水泵电机原为绕线式电机，电机末端配置滑环通过水电阻降压启动，2003年投入使用，已运行十几年，运行电流偏大，能耗高。同时电机末端滑环制造精度、安装进度要求较高，需要定期更换碳刷，运行期间碳刷与滑环容易引起打火现象，值班人员需要时时观察电机末端滑环组，一旦出现严重的打火，需要整体更换滑环组件，维修频繁，费用高。同时电机使用年久可能存在槽锲脱落的隐患。

送水泵机组初期配套水泵扬程53m，但实际运行扬程约在41m，造成送水泵机组效率低，前期已陆续对水泵叶轮进行切屑，取得了一些成效，但还没有达到最佳运行工况。

2018年根据水厂实际工况对北泵房3号送水泵电机进行维修改造，将原来绕线式异步电动机改造为鼠笼式，取消滑环与碳刷。将原来变阻启动方式改为直接启动，取消其对应的液体启动柜。水泵叶轮进行切削，扬程由47m降低至43m。

3号水泵机组改造后运行电流由改造前的48A减少至41A，功率由改造前的708kWh降低至610kWh，功率下降了13.84%。电耗下降明显，达到节能降耗的目的。同时，此改造也大大减少后期维护成本，保证了送水泵电机运行的可靠性，降低了电机的运行故障率，社会效益也不容小视。改造效果及数据见表1.3.4-1。

通过3号电机的改造完成，产生了较好的经济效益和社会效益。将其推广到其他送水泵电机，进行了同样的改造。

送水泵 3 号电机改造前后对比数据 　　　　　　　表 1.3.4-1

项目	改造前	改造后	增减量（%）
电流（A）	48	41	−14.58
平均电量（kWh）	708	610	−13.76

某厂通过对北送水泵房的全面维修改造（图1.3.4-1），根据历年的数据统计分析，供水单耗由改造前的144.94kWh/km³降低到目前的141.24 kWh/km³，下降幅度达2.55%。供水单耗是送水泵房能耗的重要指标，能耗的降低说明送水泵机组效率的提升。根据北泵房历年数据统计，北泵房每年配水电量约为10810000kWh，每年节约电费：10810000×2.55%×0.785＝216389元≈21.6万元。

图1.3.4-1　3号电机送水泵房改造前后对比

2. 具体方法

（1）电机由绕线式改造成鼠笼式异步电机，并对电机转子重新设计笼条，增加两个铜端环，重新焊接鼠笼转子。

（2）电机使用年限较长，轴承更换为KF轴承。

（3）更换电机定子槽锲，消除槽锲脱落隐患。

（4）取消电机末端的滑环、碳刷组件。

（5）取消液体启动柜，由降压启动改为直接启动。

（6）整机进行运转测试，确保电机各项参数与原电机相仿。

（7）对水泵叶轮进行切削（图1.3.4-2），第一次叶轮直径由$D=840$mm切削为$D=775$mm，额定扬程从$H=52$m降至$H=43$m，额定轴功率从$N_轴=555$kW降至$N_轴=435$kW，$I=39$A。

（8）叶轮切屑完成后进行动平衡测试，确保水泵振动、噪声符合要求（图1.3.4-3）。

图1.3.4-2　3号送水泵叶轮切割

图1.3.4-3　3号送水泵电机改造过程

1.3.5　创新修复面临报废的V型滤池出水调节阀及其气动执行器

1. 事件描述

水厂V型砂滤池出水调节阀需频繁调节开度（每年超过50万次）以保持恒水位过滤，使用二十多年后，阀杆、轴套等配件磨损十分严重，导致调节阀严重漏水（图

1.3.5-1）。同时，调节阀配套气动执行器时常发生气缸漏气，需频繁更换磨损的密封圈。水厂采取创新改造，延长面临报废的出水调节阀使用寿命：

图1.3.5-1 蝶阀严重漏水

（1）独辟蹊径设计独立外置密封装置，解决调节阀阀杆和轴套磨损严重导致外漏的故障。

（2）进行微创新改造，用轴承和紧固螺母替代原有磨损的垫片和卡簧，气动执行器运转平顺，减少摩擦。

2. 原因分析

（1）水厂维修人员对外漏严重的调节阀拆解后发现，造成外漏问题的主要原因是调节阀磨损严重，阀体自身密封部件尺寸结构已发生改变（见图1.3.5-2），单纯更换密封件无法解决问题；而整体更换阀门则成本高，且对生产影响大。

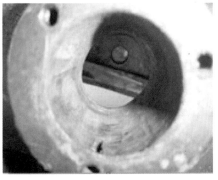

图1.3.5-2 轴套磨损严重与轴孔结构变形

（2）气动执行器主轴频繁转动，其缸体、主轴上的卡簧凹槽和垫片等部位磨损严重。这一来加剧密封圈的磨损，气缸气体外泄，需频繁更换密封圈；二来卡簧失去轴向限位作用，主轴和阀板出现轴向异常窜动。

3. 总结提高

（1）水厂自行设计独立式外加密封装置（图1.3.5-3），将密封部位从阀体转移到外置密封机构上来，恢复阀杆密封结构功能，大大延长原阀门使用寿命；可在线修复，无需停水拆解蝶阀，对滤池生产零影响；维修成本低廉、安装便捷。

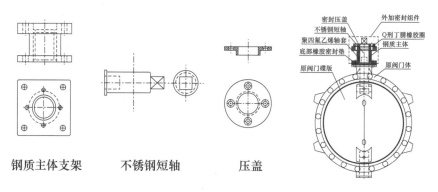

钢质主体支架　　　不锈钢短轴　　　压盖

图1.3.5-3 独立式外加密封装置与原阀门的装配图

（2）用轴承和紧固螺母替代气动执行器上磨损的垫片和卡簧（图1.3.5-4），起到限制主轴轴向运动，降低各运动部件之间的摩擦，减少主轴窜动和摩擦损害等作用。

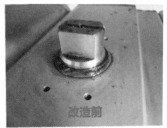

图1.3.5-4 气动执行器微创新改造前后对比图

1.3.6　超滤膜柱气管和接头更换案例

1. 成果概述

2016年10月至12月期间，某水厂超滤系统频繁出现滤柱反冲气管开裂、脱落或气管接头断裂现象，导致系统漏水跑气。而对此进行维修需停产滤柱所在的整组膜，影响生产。该水厂通过召开专题会议分析问题，得出结论是因PVC气管材质容易老化、气管长度过长所致。通过使用自制的高效维修工具，水厂把老化的气管全部更换为长度合适且质量更优的PVC-U气管，防止了该问题的发生，实现膜组设备持续稳定运行，提升了其设备完好率。与此同时，该水厂制定相关操作指导书，规范操作流程并提高工作效率，减少操作失误和降低人工成本。

2. 原因分析与应对措施

（1）问题分析。该水厂全面收集膜组设备生产运行数据，召开专题会议分析研究讨论。经分析，超滤系统所用反冲气管和管接头是PVC材质，该材质质量较差，硬度不够，使用时间一长材料容易老化；同时，气冲管长度过长，气冲时管路摆动量大，增加了对管路接口的磨损。

（2）现场维修。结合现场维修操作和生产运行实际，科学制定实施方案。整个超滤系统共有336条气冲管和672个管接头（图1.3.6-1），更换数量大。因此多途径对比选材，小批量采购试用，才选择韧性较好的PVC-U材质气管和接头（图1.3.6-2），裁定气管精确长度，减小气管摆动幅度，增加硬底胶垫，防止震动漏水。为不影响正常生产，采取先试行更换1套膜组气管和接头试运行观察2个星期，确定了可行性之后，才全面实施方案。

图1.3.6-1　气冲管及接头现场情况　　图1.3.6-2　PVC-U气冲管及接头

（3）创新研制专用工具，提高维修效率。膜柱底部接头更换空间狭小，常用工具根本无法使用，为此自制专用工具（图1.3.6-3），可以适用于同类型膜柱气管接头的更换，有效缩短更换时间。

图1.3.6-3　现场维修空间及自制工具情况

（4）总结经验。制定膜柱气管接头更换标准化作业指导书（图1.3.6-4），规范相关操作要求。

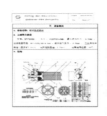

图1.3.6-4　新编标准化作业指导书

3. 总结提高

总结本次事件，对于超滤车间的设备管理应注意以下几点：

（1）系统建造初期，各部件的选材需严格把关。尤其对于含腐蚀性液体的管道（如次氯酸钠等），必须选择耐腐蚀性较强、不易老化的材料。否则后续运行将问题频发，得不偿失。

（2）反冲气管长度不应过长，过长将导致气洗反冲时气管摆动幅度过大，加大对管路接口的磨损；同时不可过短，过短会造成安装不方便且管道紧绷影响使用年限。最理想的长度为能够连接两段接口的同时气管略呈弯曲，不紧绷。

1.3.7　聚合氯化铝断电、断药应急自动投加改造

1. 成果概述

聚合氯化铝系统作为水处理工艺必不可少的重要组成部分，其投加不精确、不及

时，都会导致水质安全风险。各水厂面临不同的运营问题，具体如下：

水厂突发停电、加药管道爆管和堵塞都会导致聚合氯化铝无法及时投加。现有的巡检或监控手段滞后，时效性较差，如遇紧急断药情况，人工临时投加费时费力，易发生安全事故，且加药量无法计量，极易导致发生水质安全风险事件（图1.3.7-1）。

图1.3.7-1 临时人工投加

为避免在断电、断药情况时供水事故的发生，保证供水安全，确保员工健康以及节省生产力，水厂对PAC应急投加设备进行改造。

2. 具体方法

PAC断药应急自动投加装置改造如图1.3.7-2所示。

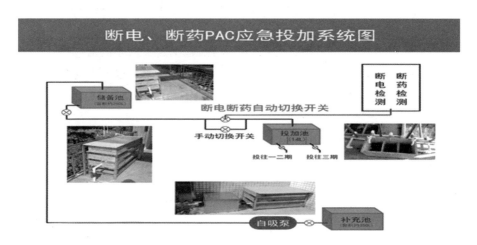

图1.3.7-2 应急投机系统图

在水厂现有条件下自主开发PAC断药应急投加装置，实现断药时自动检测并自动启动应急投加。功能说明：

（1）位置及组成部分：PAC应急投机加系统主要装置安装于配水总井向各期输水位置，由断电断药检测装置（反向电磁阀）、投加池、储液池、自吸泵和补充池组成。

（2）各部分连接方式如图1.3.7-2所示，投加池为投加终端，投加池与储液池之间由两个并联的两个阀门连接，一个电磁阀一个手动球阀，电磁阀是检测断电断药的关键部分，连接主电路，一旦检测到断电，自动打开，PAC开启自动投加。

（3）在PAC投加总管路上设置可视化的转子流量计投加观测点，并设置流量报警下限，流量低于下限或断药时15s时会自动发出信号并警报，信号传至配水井电磁阀打开，PAC开启自动投加。

（4）配水井上的储液池可储存PAC约250L，可满足约1h的PAC投加，常年满池储备，储液池高于投加池一定距离，因此电磁阀打开时，可依靠重力作用实现自流投加。

PAC自动投加装置改造实际运行效果良好，并在其他水厂进行推广应用，改造过程如图1.3.7-3所示。

图1.3.7-3 水厂断药应急投加改造过程

3. 借鉴意义

（1）进一步提高电源保障能力，减少突发断电事件发生；

（2）加强厂内隐患管理，及时排查重要管线爆裂、堵塞等风险，加强运行监控能力，发生应急事件应及时上报；

（3）积极鼓励和支持水厂技术骨干发挥自主创新创造，提高员工业务水平；

（4）进一步延伸运用到其他ccp控制点药剂的投加，特别是24h不可断药的投加，比如消毒剂等；

（5）在有可能的条件下，将关键控制点设置预警值和声光电报警，简单的方法往往是最有效的。

1.3.8　水厂精确排泥节能降耗案例

1. 成果概述

某水厂设计日供水能力10万m³，于2006年5月建成投产，主要供水水源为东部供水，水厂平流沉淀池采用吸泥桁车和穿孔排泥管连通阀排泥。排泥系统改造前，桁车和排泥角阀独立运行，排泥角阀开启频次低、开启时间不规律，使沉淀池排泥不及时、不彻底，经常出现跑矾花、积泥等现象，从而造成沉淀池出水水质不稳定，吸泥桁车脱轨、翻车等问题。针对以上问题，本着经济适用原则提出了一种基于红外技术的平流沉淀池排泥系统改造方案，实现吸泥桁车与排泥角阀联动控制，精准控制角阀启闭时间，解决平流沉淀池排泥问题。

该水厂红外排泥系统改造投资共计2.88万元，改造后取得显著成效：一是实现精准排泥，红外传感联动桁车及排泥角阀，大幅提高角阀排泥效率，避免积泥；二是改善出水水质，沉淀池出水浊度降低53%～60%；三是促进节能降耗，使排泥系统电耗减少47%～53%；四是延长设备运行寿命，使设备故障率由每月2～3次降低为每年1～2次。五是缩减人力成本，自动化操控降低设备维修量，使运维成本降低75%以上。基于上述成效，该经济高效的排泥系统改造方案，适用于在中小水厂的推广使用。

2. 具体方法

（1）排泥系统存在的问题及原因分析

改造前，沉淀池排泥效率低，沉淀池积泥现象严重，易造成水质扰动，沉淀池出水浊度波动较大，甚至有超内控的风险，且单次排泥不彻底造成桁车运行周期缩短，自用水率和电耗成本增加。此外，沉淀池积泥导致吸泥桁车运行阻力过大或受力不均匀，经常造成桁车脱轨、翻车等问题，不仅增加设备运行维护困难，还严重影响正常生产。造成沉淀池排泥不畅的原因，主要有如下几点：

1）吸泥桁车与排泥角阀独立运行，运行过程没有联动配合；

2）排泥角阀人工控制，排泥时间及周期难以精确控制；

3）池底污泥堆积造成桁车脱轨或翻车，维修难度大，维修周期长，影响排泥作业。

针对上述问题，拟通过利用红外技术联动控制吸泥桁车和排泥角阀，强化排泥效率，解决沉淀池积泥问题。

（2）排泥系统改造方案设计及实施

1）基于红外反射原理，实现吸泥过程与排泥角阀启闭联动

红外感应光电开关响应速度可达到0.1ms，且抗干扰能力强，基于以上特点，自行设计红外信号反射装置，搭建基于红外反射原理的排泥控制系统（图1.3.8-1），实现吸泥桁车行进过程中排泥角阀自动开闭，利用较少资金投入实现排泥过程自动化。

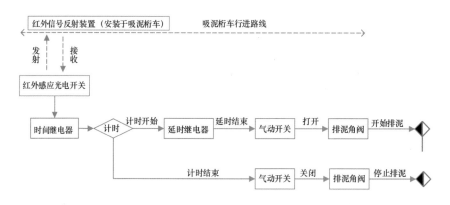

图1.3.8-1 基于红外反射原理的排泥控制系统

实施改造后，红外信号反射装置安装于吸泥桁车中轴处（图1.3.8-2），红外感应光电开关安装于排泥角阀处（图1.3.8-3），并按照平流沉淀池内角阀数共安装4个。排泥作业期间，吸泥桁车运行到距离排泥角阀一定位置时，排泥角阀开启；吸泥桁车继续向前移动，离开排泥角阀一定位置后，排泥角阀关闭。由此将桁车吸泥位置与角阀排泥时间精准联动，提高排泥效率，既保证排泥量，避免积泥，又控制排泥总体水量，避免浪费。

2）利用气动阀自控，优化调控排泥角阀开启时长

图1.3.8-2　红外信号反射装置　　图1.3.8-3　红外感应光电开关

该水厂沉淀池共长72m，共装有4个排泥角阀，随着与反应池距离的增加，相应排泥角阀对应排泥泥斗的积泥量逐步减少，为优化控制排泥水量，应根据吸泥量的差异，优化调控4个排泥角阀开启时长。为实现排泥角阀的差异化控制，利用时间继电器和延时继电器调控角阀的气动开关联动调控，操控系统实物图如图1.3.8-4和图1.3.8-5所示。

图1.3.8-4　排泥角阀控制箱　　图1.3.8-5　排泥角阀气动开关

改造后实施过程中，针对第1个排泥角阀，即距离反应池配水花墙最近的角阀，因该位置泥量较大，所需排泥时间长，仅设置时间继电器，使排泥角阀工作时间为20s；随后，针对第2个排泥角阀，泥量逐步减少，联合设置时间继电器和延时继电器，使排泥角阀开启15s；由此类推，随着泥量不断减少，通过延时继电器智能缩短角阀开启时长，在保证避免积泥的前提下，优化调控排泥水量。

3）以方便维修为导向，改进污泥泵安装位置和进水口

改造前污泥泵安装位置靠近沉淀池底部，当污泥量较多时容易堵塞泵的进水口，造成污泥泵堵转烧坏，且污泥泵通过螺栓紧固在支架上，维修更换时需将沉淀池放空，造成水量浪费。经过优化设计将污泥泵安装位置提高至沉淀池上部（图1.3.8-6），进水口吸泥口采用鸭嘴形不锈钢嘴，长度40～50 mm，宽度20 mm。既可增加吸泥区面积，又可避免短流，而且不容易被垃圾堵塞。

图1.3.8-6　污泥泵安装位置

4）以人工监督为屏障，优化调控排泥系统

为保证排泥系统持续高效运行，人工定期对排泥效果进行监测分析。当原水水质随季节、降雨等条件变化时，及时调整排泥阀启闭时间，使沉淀池排泥系统一直在最优状态运行。

5）以经济适用为原则，自主研发及改造实施

目前，行业内对排泥系统的改造措施技术方案较多，结合该水厂实际情况，技术人员自主研发并实施改造了经济适用的红外排泥智能化控制系统，整个系统改造投资低、改造效果好，投资造价见表1.3.8-1。整个排泥系统改造红外控制系统4套，主要包括红外感应光电开关、红外信号反射装置、排泥角阀电控箱（主要包括：24V电源、空气开关、漏电保护器、浪涌保护器、时间继电器、中间继电器等）、电缆线，两组四格平流沉淀池总投资2.88万元。

项目投资明细表 表 1.3.8-1

序号	名称	数量	单价（元）	总价（元）
1	红外信号发射器	16个	80	1280
2	红外信号接收器	4个	600	2400
3	电控箱	4台	4200	16800
4	电缆线及辅材	若干	3600	3600
5	安装费	4套	1200	4800
合计				28880

3. 排泥系统改造效果

（1）改善沉降效果，提升出水水质。改造后，由于排泥彻底，沉淀池出水水质效果改善显著（见图1.3.8-7、图1.3.8-8），沉淀池清澈见底，再无积泥、跑矾花等现象，平均出水浊度由2.3NTU降至1.0NTU，降低了53%～60%，同时消除了由于沉淀池底部积泥而引起嗅味异常的水质风险。

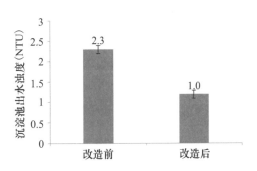

图1.3.8-7 改造后平流沉淀池总体运行效果　　图1.3.8-8 改造前后沉淀池出水浊度

（2）实现节能降耗，提升经济效益。改造后吸泥桁车单个运行周期（1次/d）运行时间由100min缩减至50min，年节省电量约6400kWh，电耗降低47%～53%，改造前后耗电量对比见表1.3.8-2。按平期电价估算，一年节省电费约4300元，节能降耗，提升经济效果显著。

改造前后吸泥桁车用电量对比表 表 1.3.8-2

时间	电量（kWh）	电费成本（元）
改造前	12753	8545
改造后	6375	4271

（3）降低工作强度，减少维修成本。改造完成后，员工工作强度大幅降低，一方

面实现排泥过程自动化，水厂运行人员只需加强监测即可，另一方面，设备运行稳定可靠，故障频率降低，减少维修人员工作强度、维修成本也随之降低。此外厂区地势空旷，沉淀池又处水厂高位，员工无需在雷暴等恶劣天气中也能完成排泥作业，保障员工人身安全。

4. 借鉴意义

（1）伴随着集团集约化供水布局和直饮水计划的实施推进，平流沉淀池将会在更多的新改扩建水厂投入应用，因此，提升平流沉淀池排泥效果，改善沉后水水质将会是从业人员不断努力的目标和方向。

（2）本案例针对平流沉淀池排泥效率不高的问题，提出一种经济高效、简单适用的优化设计方案，实现平流沉淀池排泥过程自动化，提高吸泥桁车的运行效率，同时改善沉淀池出水水质，具有较高的创新应用价值，可在存在相似问题的中小水厂推广使用。

1.3.9 鼓风机长时间运行造成电机发热

1. 事件描述

2015年4月7日21:00，某水厂运行人员现场巡检时，发现用于滤池反冲洗的3号罗茨鼓风机在运行时，风机隔声罩排气口有烟雾排出，采取以下应急措施：

（1）运行人员立即采取手动强停措施，终止鼓风机运行；

（2）向上级汇报，并组织维修人员进行维修；

（3）维修人员对鼓风机电机绝缘、相间电阻等进行检测，数据正常；绕组漆包线受高温影响略有变色；隔声罩排风扇电机正常，更换叶片（见图1.3.9-1）；

（4）试运行，鼓风机可正常运行，各项数据正常。

2. 原因分析

（1）冲洗炭滤池过程中，3号鼓风机未能按流程设定的时间停机，正常冲池时鼓风机运行2min，但3号风机一直运行约30min。V型滤池总柜PLC程序存在漏洞，自动冲池调用鼓风机时，在发出开/关指令后，鼓风机未能按照指令动作（拒动），程序没有处理安排，既没有再次发送操作指令也没有做出报警；中控手动时，程序对拒动做出了处理。

（2）炭滤池的反冲气阀已经关闭，风机长时间运行，不出风，风机机体温度升高（到4月8日8时许对设备进行检修时，电机表面温度仍有60～70℃），导致风机隔声罩内气温大幅升高，引起负压检测管（为透明胶管）、隔声罩排风扇电机尾端风叶（为塑料材质）熔化变形，隔声罩排风扇的叶片（为黑色塑料材质）顶端周边发生熔化燃烧（检修过程见图1.3.9-2）。

图1.3.9-1　维修人员更换排风扇叶片　　图1.3.9-2　维修人员对鼓风机进行检查

3. 总结提高

（1）完善滤池主站S300 PLC程序，增加自动冲池时鼓风机开/关拒动的触发、复位程序，并增加报警提示，即PLC发出指令，设备未执行时，重复发指令，超时仍未执行，发出报警提示。

（2）中控室报警栏和鼓风机监控画面上启用相关报警提示，增加5台反冲泵、3台鼓风机的关拒动语音报警。

（3）冲池时，运行人员应用一台生产监控电脑打开相应滤池的冲池画面，监测滤池冲池过程，了解冲池状态及相关设备运行状态，以便于及时发现可能出现的问题。

1.3.10　吊车起吊设备时钢丝绳套索突然断裂

1. 事件描述

2016年1月7日上午维修人员在B厂送水泵房对2号双速闸阀进行维修，维修人员拆卸液压缸体螺丝后，将起吊用的钢丝绳两端与液压缸上端的吊环联结，钢丝绳的中间部位挂到吊车吊钩上进行起吊。在吊车起吊作业开始后不久，钢丝绳中间部位突然发生断裂（图1.3.10-1），造成缸体突然下坠冲击阀体缸座发出较大声响，吊车吊钩在空中振荡摆动。由于起吊高度低，幸运没有造成人员伤害、设备损坏、缸体掉落可能引起的更大事故。

2. 原因分析

（1）起吊用钢丝绳为水厂维修人员自行制作加工（见图1.3.10-2），其承载重量无明确标识。作业前也没有认真评估钢丝绳的承载拉力，仅凭经验认为可以使用，犯了经验主义的错误。

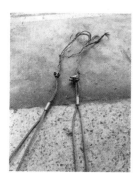 

图1.3.10-1　断裂的钢丝绳　　图 1.3.10-2　作业时使用自制的钢丝绳

（2）吊装用钢丝绳使用前，未进行彻底的安全检查。钢丝绳经过长期使用已经存在明显的变形，部分位置有钢丝断裂，钢丝绳承载拉力已降低，存在发生断裂的安全隐患。

3. 总结提高

（1）吊装带必须从正规公司购买，具有合格证、标注称载重量的产品。将其列入专人监督管理，保证其安全可靠。

（2）进行起重作业前，安全管理人员必须对起重机械及其相关配套工具进行检查，必须确保起吊重量与起吊工具承载拉力的匹配，确保安全可靠。

（3）对于起重机械操作人员，按照国家最新规定，需由起重机械的使用单位对其进行培训并实操考试合格后方可操作起重机械，严禁未经培训进行违规操作。

1.3.11　送水泵房低压配电系统跳闸导致无法供水

1. 事件描述

2017年2月6日10:30某水厂运行人员发现送水泵全部跳闸，且无法在中控远程操作送水机组重新开机。运行人员到送水泵房车间现场检查，发现低压配电柜没电，五台送水泵就地控制箱没电，送水泵停止工作，无法供水。采取以下应急措施：

（1）按流程上报集团公司并组织抢修。

（2）维修人员到场检查，发现泵房低压柜总开关跳闸。逐一对配电柜所有抽屉开关分开进行检查，发现有一个空调的抽屉开关有烧焦的痕迹（图1.3.11-1），立即将抽屉拖出和母排分离，将电缆线拆下，合总开关供电正常，配电柜恢复供电。

（3）现场手动开启一台定速泵，恢复供水。

2. 原因分析

（1）低压柜总开关跳闸主要是由于配电柜其中一个抽屉（空调电源）开关故障导致的，该空气开关元器件存在老化的现象，接触器线圈烧坏，开关内部已经烧熔，形成短路，导致总开关跳闸，配电柜无法供电。

（2）泵房低压配电系统总开关跳闸失电，导致五台送水泵就地柜失电，变频柜低压控制柜失电，送水泵停机，无法开启。

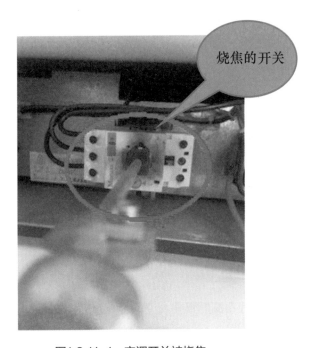

图1.3.11-1　空调开关被烧焦

3. 总结提高

（1）加强设备维护保养。定期对低压配电柜进行检查并维护，对断路器、空气开关、线路等电器元件进行测试。

（2）编写应急预案，加强人员培训。编写低压配电系统跳闸情况下手动开启送水泵的应急方案，组织运行人员对应急步骤进行培训，加强员工处理类似情况的能力。

（3）重要车间的低压配电系统采用双回路供电形式。水厂车间如送水泵房、反冲泵房、鼓风机房等，在低压配电系统设计上考虑两回路供电，一用一备，以防一条线路出现问题时，备用线能即时投入，确保供水安全。

（4）建议配备发电机。当车间低压配为单回路且出现故障时，使用发电机为车间低压系统提供临时用电，从而不影响设备的运行。

1.3.12 水厂加药间改造

1. 事件描述

某水厂在夏季用水高峰期时，长期满（超）负荷运行，最高日供水量达到181800m³。如遇原水水质恶化，现状常规净水工艺应对能力有限，而厂内净水药剂投加系统存在设备老旧、药耗较大、控制粗放等问题。因此该厂开展了对加药间的全面改造，通过优化管理和硬件提升等多重手段，水厂加药系统的能力大幅提升，节能降耗，提高了供水水质保障能力。此次改造中该水厂借助了"6S"这一成熟科学的管理方法，对改造后的整套加药设施设备建立了有效管理，现场环境得以改善，提高了员工的工作效率和质量。

2. 原因分析

（1）管理大幅优化

1）加药自控系统的运行模式由"调节药剂投加流量"方式调整为"调节药剂投加单耗"模式，减少了影响因素，对药剂调节和生产成本控制起到积极的作用。

2）针对之前报警信息多且杂乱的情况，对中控室报警系统进行优化，将报警参数按重要性分为一类和二类，其中一类为关键性指标，超过限值会直接弹出报警框，提醒当班人员注意，提高了运行人员对重要报警信息的处理及时性。

（2）硬件全面提升

1）采用液体碱铝代替固体碱铝（图1.3.12-1、图1.3.12-2），将整个系统接入自控系统，实现了碱铝的自动配药和投加；另外增加了滤前二次投矾，有效降低滤后出水浊度，保证出厂水水质。另外开展了液矾烧杯混凝实验对比，进行滤前投矾二次絮凝效果分析，制定合理的流程水浊度，有效降低了碱铝药剂单耗。

2）新增市场上较为成熟的一体化投加设施，实现了石灰粉炭的自控投加、精确投加，石灰单耗大幅下降。特别要指出的是，虽然一体化设备是成型系统，但是也存在较多细节上的不足，该厂集思广益，对项目提出了多项改进措施，将系统改造得更符合水厂的实际情况（图1.3.12-3、图1.3.12-4）。

图1.3.12-1　改造前碱铝

图1.3.12-2　改造后碱铝

图1.3.12-3　改造前石灰粉炭

图1.3.12-4　改造后石灰粉炭

3）为提升水厂应对芽孢杆菌的保障能力，该厂增加滤前次氯酸钠投加，并在夏季时将其作为主投氯点，延长消毒剂与水体的接触时间，避免滤池内芽孢杆菌滋生，全年出厂水菌落总数达到集团内控标准要求（图1.3.12-5）。

图1.3.12-5　改造后次氯酸钠

4）在既有高锰酸钾投加系统上增加了2台超声波液位计及8台电动阀，改造系统投加管路，完善了高锰酸钾投加自动控制系统（图1.3.12-6）。

5）针对夏季高藻类导致原水pH大幅度波动（6.8～9.8）造成混凝沉淀效果差，沿程浊度较难控制的情况，及时增加原水投酸设施（图1.3.12-7），并通过理论测算、实验室小试、生产逐步调试等掌握了在不同pH条件下的硫酸投加量。

图1.3.12-6　改造后高锰酸钾　　　图1.3.12-7　改造后加酸设施

（3）应用"6S"措施进行管理

在整个改造过程中，水厂应用了"6S"管理方法，每改造完一部分，就将其纳入"6S"管理范畴，直至全部加药间完成改造，水厂也就对改造后的整套加药设施设备建立了有效地管理，水厂采取的"6S"管理措施主要有：

1）首先对加药间全面检查，分清必需品与非必需品，将无需在现场保存的非必需品进行清除，空间得以增大，环境变得清爽；

2）规划设备摆放、巡检及维修空间，对加药间各设施设备定位并定置摆放，通过设置指示牌、设备名称标牌、简介牌等各类标识标示物品名称，车间画线清晰明了；

3）对加药间设备、机器、照明或电气、仪表装置等定期维护，保持设备干净整洁，表面无油污、无杂物，确保使用正常；

4）清扫加药间灰尘垃圾，现场地面干净，无积水、无杂物，墙面干净整洁，无手印、脚印、油污，并建立清扫责任区域和清扫执行标准，利用平面图，将现场区域划分到各部门，再划分到每位员工；

5）安全方面，梳理识别安全因素，设置各类标示标志，制定与执行安全管理制度，对不可控安全因素制定预案，并定期开展演练，防止外部侵害和案件发生。

3. 总结提高

（1）本案例中，水厂原水水质多变，且片区用水需求大，导致水厂生产压力极大，面对存在着设备老旧、药耗较大及控制粗放等诸多问题的加药系统，水厂必须立刻改造以保障供水，但每年留给水厂改造的空窗期极短，在这种情况下，该水厂统筹布局，合理规划改造进度，在不影响生产的前提下圆满完成了全厂加药间的升级改造，加药系统的能力大幅提升，极大地提高了水厂的供水水质保障能力，为其他存在同类情况的水厂改造提供了可参考的范例。

（2）本案例中，水厂最大的困难是如何把握改造进度，如果未按预期完成改造会有什么结果以及如何妥善处理，为了不影响正常供水，水厂在改造前对包括水质、设备及土建施工等各方面均做了大量的分析，且进行了一些小范围试验，在此基础上，整个改造期间水厂针对不同项目制定了不同的水质保障方案，确保能够及时解决不可预见的问题，确保供水安全。

（3）本案例中水厂应用了"6S"这一成熟科学的管理方法，对改造后的整套加药设施设备建立了有效地管理。"6S"管理是一种科学的现场管理理念和方法，对于改善现场环境和员工思维方法、推动企业实现全面质量管理具有十分重要的意义。该水厂作为片区主力供水水厂，面对人民日益提高的供水服务需求，提升管理效率、促进高质量发展是其必由之路，所以水厂从改造前就着手开展"6S"管理工作，在本次改造中又加以发扬光大，通过一系列措施实现了对新加药系统从零开始进行"6S"标准管理。在"6S"管理体系下，水厂加药间环境清洁舒适，加药系统保养得当，设备故障率低，运行效率高；员工形成了良好的习惯，工作效率和质量明显提升。

（4）本案例中，水厂首先根据以往经验采取了增加投加点和增加备用管等措施来满足自身需要，其次为应对原水水质pH异常的问题增设了投酸系统，可见水厂各加药间的改造均具有因地制宜的特点，而非盲目改造，为其他水厂的改造项目提供了思路上的参考。

1.4 水质化验

1.4.1 铝化验检测数据失准

1. 事件描述

2017年9月底，集团公司组织的比对质控考核中，铝项目的检测合格率偏低。在参加的27家化验室中,有15家的检测结果存在较大的偏差。其中,有10家检测结果偏高,5家检测结果偏低。这15家检测结果不合格的化验室所使用的检测方法均为铬天青S分光光度法。参加检测比对的化验室均高度重视,大多是由检测经验丰富的化验员和水质分析师进行检测。他们对移液器具的使用都很精熟,实验中所使用的器皿均经过规范酸泡,但是,部分检测结果依然有较大偏差。其实,本次比对,组织者为了检验各实验室在水质遭到突发污染时的检测应对能力。在铝的考核样中引入了铜、铁、锰干扰项。所有检测结果偏高的实验室,对考核样中的干扰项均没进行掩蔽。还有些实验室对缓冲溶液的配制没有严格控制pH范围。导致了本次考核结果合格率偏低。从这次考核中可以看出,有部分检测人员对标准检验方法没有掌握,对其中的反应原理不甚理解,导致平时检测水样时没有严格按照标准方法进行检测。对于多种多样的水质污染事故,只有认真、细致地做好检测工作,才能把好水质质量关,更好地服务于生产。下面把生产中对铝项目检测存在的问题进行剖析,以便以后在检测中避免发生类似的错误。

2. 原因分析

(1)此批用于比对质控考核的水样,均为酸化水样,且在考核要求中,水样稀释也须酸化。而日常实验室在使用铬天青S分光光度法测水中铝含量时,水样并未经过酸化。酸化水样的pH调节难度较大,对缓冲溶液的缓冲容量要求较为严格。

(2)一方面化验员配制缓冲溶液时大多机械照搬国家标准中的药剂投加量,忽略了反应放热导致盐酸挥发带来的影响。另一方面,缓冲溶液配制过快,缺少隔天微调环节,没达到稳定状态,导致溶液缓冲容量偏低。

(3)缓冲溶液投加量照搬国家标准中的3mL,没有根据实际调高投加量,缓冲容量不足以保证稳定的pH环境。

(4)此批用于比对质控考核的水样添加了较大剂量的铁、锰干扰离子,共存离子的含量远高于实验室日常检测的水样;锰离子会带来较弱的负干扰,而铁离子会带来很大的正干扰(表1.4.1-1)。

3. 总结提高

(1)细化和改良乙二胺-盐酸缓冲液的配制方法:通过分瓶配制降低发热影响,冷却后合并调制保证缓冲液的pH一致性,延时1~2d微调,降低盐酸挥发的影响,准确调制出pH符合要求且稳定性良好的缓冲液。

（2）增大缓冲液添加量。稳定的pH环境是铬天青S分光光度法用于检测水中铝实验成败的关键，增大缓冲容量可让实验进展得更为顺利，对重酸化水样而言，尤为关键。经过反复试验，将国家标准中3mL的添加量，调为5～6mL可取得良好实验效果。

（3）用适当的掩蔽剂消除共存干扰离子。每25mL水样中通过添加1mL100g/L的抗坏血酸溶液可消除常见共存铁锰离子的干扰。

（4）测定水中总铝含量时，水样必须经过酸化，不能因过程烦琐，而降低测定要求。

综述：经过改良后的铬天青S分光光度法细化了缓冲溶液的配制方法使得试剂配制更具可操作性；调整了缓冲溶液的添加剂量使得pH环境更加稳定；发现了抗坏血酸溶液可同时掩蔽铁锰离子；从而实验的准确度得到了显著的提高。

铁锰干扰实验结果   表 1.4.1-1

		加锰（mg/L）					加铁（mg/L）	
没加抗坏血酸	标样	0.10	0.30	0.50	0.70	1.00	0.10	0.30
	0.122	0.125	0.119	0.120	0.118	0.114	0.144	0.181
没加抗坏血酸	加铁（mg/L）			加铁+锰（mg/L）				
	0.50	0.70	1.00	0.10	0.30	0.50	0.70	1.00
	0.223	0.277	0.382	0.144	0.178	0.228	0.279	0.352
加抗坏血酸（1mL100g/L）	加锰（mg/L）						加铁（mg/L）	
	标样	0.10	0.30	0.50	0.70	1.00	0.10	0.30
	0.123	0.120	0.115	0.119	0.115	0.120	0.124	0.127
加抗坏血酸（1mL100g/L）	加铁（mg/L）			加铁+锰（mg/L）				
	0.50	0.70	1.00	0.10	0.30	0.50	0.70	1.00
	0.127	0.128	0.127	0.120	0.123	0.125	0.123	0.126

1.4.2 芽孢杆菌爆发时菌落总数的监测

1. 事件描述

2014年6月下旬，某水厂化验室、水质监测中心、市水务局水质检测中心抽检均检测到该水厂出厂水出现片状菌菌落，水质监测中心立即上报分管领导，同时通报生产技术部及水厂。集团领导高度重视，立即成立应急工作组，制定应急方案，统筹安排，最终经集团公司领导及多部门联动协作，解决了本次水质异常事件。

水质监测中心第一时间研判该片状菌落（图1.4.2-1）菌属及其生长特性。采用革兰氏染色法进行染色，在显微镜下呈紫色杆状，为革兰氏阳性菌（图1.4.2-2）；同时使用蜡样芽孢杆菌特异性显色培养基对该菌进行培养，12h后观察发现该菌菌落呈现蓝色（图1.4.2-3），由此确认所出现菌落为片状菌中的芽孢杆菌，该检测方法比普通培养基提前24h观察到结果。

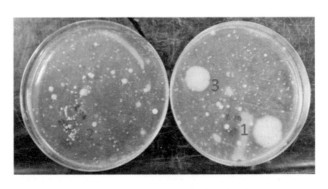

图1.4.2-1　革兰氏染色选取的菌落

1—白色圆形形状较大菌落；2—白色圆形形状较小菌落；3—培养基内部白色小菌落

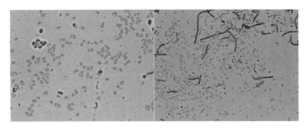
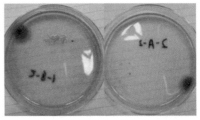

图1.4.2-2　显微镜照片（1号菌落染色）　　图1.4.2-3　蜡样芽孢杆菌典型菌落形态

随即分别对水库水、原水、沉后水、滤后水、出厂水连续取样，定量分析芽孢杆菌在常规工艺流程中的时空分布规律。为防止杂菌对芽孢杆菌计数产生影响，先对水样进行巴氏灭菌后再取200mL抽滤，将滤膜置于普通培养基进行培养，24h后计数好氧芽孢总数（图1.4.2-4）。结果显示：水库（石岩湖水库）取水口处好氧芽孢浓度在600～12000 CFU/100mL之间波动，检出率为100%；水厂原水的好氧芽孢浓度在400～12000 CFU/100mL之间，检出率为100%；经过混凝沉淀后好氧芽孢明显降低，其浓度在10～700 CFU/100mL之间,检出率为100%;滤后水中的好氧芽孢的浓度与沉后水相比进一步降低,浓度在0～50 CFU/100mL之间,检出率为68%;经消毒处理后芽孢杆菌的浓度再次降低,浓度在0～0.6 CFU/100mL之间,检出率为40%。进一步的试验及检测分析显示,当原水中芽孢杆菌的浓度处于较低水平时,常规水处理工艺对好氧芽孢去除效果明显,但不能完全去除芽孢杆菌。

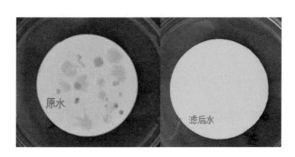

图1.4.2-4 好氧芽孢培养24h后的形态

以芽孢杆菌的检测及试验结果为指引,水质监测中心与生产技术部、水厂通力合作,不断优化调整生产工艺流程,通过加强原水预氧化、加强混凝沉淀、加强滤池反冲洗排泥、滤池浸泡消毒、多段投加次氯酸钠等措施,直至出厂水芽孢杆菌未检出。

2. 原因分析

该水厂水源水库周边原有私自养殖牲畜家禽现象,导致在雨季原水中芽孢杆菌急剧增多。而芽孢杆菌属革兰氏阳性菌,具有强耐氯性,传统工艺能灭活或者截留大部分芽孢杆菌和芽孢,但在原水中存在大量芽孢杆菌时,常规工艺流程不能完全灭活芽孢杆菌及其芽孢,存在供水水质安全隐患。同时,该水厂缺乏应对芽孢杆菌爆发的经验,对芽孢杆菌的生长特性研究较少,在普通培养基下观察芽孢杆菌菌落为白色,菌落形态在24h内和普通细菌菌落区别不大,48h后才有明显区别,易对芽孢杆菌的确认时间造成延误。

3. 总结提高

(1)集团公司领导高度重视,及时成立应急小组,多部门联动,快速有效解决水质事件。

(2)采用革兰氏染色实验,快速确认片状菌落属于革兰氏阳性菌且为杆状;利用特异性显色培养基进一步确认该菌落为蜡样芽孢杆菌。

(3)由于芽孢杆菌为耐氯菌,并会转化为难灭活的孢子形态,所以要严格规范无菌操作步骤，并按照规范要求对实验器皿进行多次灭菌，必要时可以使用一次性培养皿进行细菌培养，防止细菌交叉污染，影响实验结果。

（4）对水厂芽孢杆菌进行深入研究，分析芽孢杆菌在生产过程中的时空分布规律，研究常规工艺对芽孢杆菌去除效率影响为指导生产优化调整工艺提供科学的数据支撑。

第2章 排水生产篇

2.1 工艺运行

2.1.1 不减产停生物池曝气实施抢修工作的典型案例

1. 成果概述

某污水处理厂二级生化设计处理能力为56万m³/d，共设3组生物池。其1号生物池和2号生物池共用一根管径为2m的主气管进行供气。2018年度，该DN2000管道出现裂缝，维修该风管必须全停上述两组生物池供气，若要不影响出水水质，该厂必须要做减产处理，减产量达到生化设计处理能力的2/3。2019年2月，在通过多次对生物池进行停气耐受性测试后，得到该厂生物池生物池停气的极限条件，并以此作为依据优化施工方案，在没有刻意减产和影响外部环境的情况下，完成了DN2000的主气管维修工作。

2. 具体方法

（1）通过停气实验，确定生物池运行的极限条件。停气实验主要分为三个阶段：

第一阶段：不减产，只停气。实验时间约4h。停气期间几乎无水质波动，恢复曝气后约2h出水TP及氨氮均出现上升波动，氨氮波动历时较短，在曝气恢复后立即呈下降趋势；TP波动较明显，且历时6～8h才能恢复正常水质（见图2.1.1-1、表2.1.1-1）。

第二阶段：不减产，只停气。缩短停气时间至2h，仍然是停气期间无水质波动，恢复曝气后水质波动较小，历时4～5h恢复正常水质。因此，出水水质浓度应与池内溶解氧消耗呈线性关系。

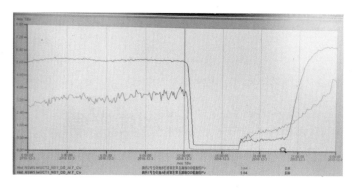

图2.1.1-1　第一阶段停气期间溶解氧趋势

第一阶段水质变化情况　　　　　　　　　　　　　表 2.1.1-1

高效沉淀进水水质								
	12月3日						12月4日	
	18:00	19:00	20:00	21:00	22:00	23:00	0:00	1:00	2:00
TP	0.57	0.79	1.51	1.16	0.94	0.8	0.65	0.5	<0.4
HH₄-N	<3	3.68	<3	<3	<3	<3	<3	<3	<3

　　第三阶段：需要停气的生物池进行提前过曝气处理，保持池内高溶解氧，同时保证正常生产的生物池保持良好的生产条件。停气时，停气组作减产处理，将水量调整至正常生产组，以保证总处理能力不降低。停气期间，对生物池沿程进行取样测试，每隔一个小时取样检测二沉池出水氨氮和TP浓度，水质开始波动时将频率调整为半小时一次。停气历时约5h。停气期间，停气组出水水质波动较前两次明显减缓，总排口水质稳定达标，恢复曝气后，出水氨氮浓度迅速恢复正常，出水TP历时2～3h亦恢复稳定，而后在进行生产调整，恢复各组生物池水量（见图2.1.1-2、表2.1.1-2）。

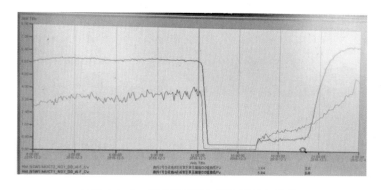

图2.1.1-2　第三阶段停气期间溶解氧趋势

第三阶段水质变化情况 表 2.1.1-2

二沉池出水沿程数据										
		9:00	10:00	11:00	12:00	13:00	14:00	15:00	16:00	17:00
TP	生化池出水	0.1	0.1	0.24	0.58	0.59	1.03	1.06	0.2	<0.1
HH_4-N		0.15	2.76	4.96	5.7	5.77	6.55	7.85	4.03	<3

（2）通过生产调度调控，在厂内完成自我消化，减小对外部环境的影响。通过第一阶段停气实验，可以得出以下结论：

1）停气期间，由于溶解氧下降，硝化反应受到制约。生物池出水氨氮浓度在开始阶段将会缓慢升高，当池内溶解氧消耗一段时间后，出水氨氮浓度的上升速度将会加快。

2）停气对出水TP浓度的影响较大，可能是由于聚磷菌在没有氧气供给的情况下，引发其发生厌氧反应，释放出部分磷导致水体内磷浓度总体升高。在溶解氧急剧下降后，TP浓度上升速度非常快，因此，需要提前投加药剂并调整工艺。

根据以上结论，厂部工艺小组在实施维修前提前进行工艺调控：① 提前增加3号生物池的排泥量，降低该池污泥浓度及泥位，为其抢修期间超负荷运行作准备；② 抢修前5h提前增加1号、2号生物池池内溶解氧浓度，使其处于绝对富氧状态；③ 提前对1号、2号生物池投加生物除磷药剂。

抢修选择来水谷期进行，通过调整3组生化池的配比，尽量保持污水完全处理。通过每隔半个小时取样进行快速检测过程水质，及时进行水量、排泥量和加药量的调整，保证出水水质的稳定达标。

（3）通过优化方案，使停气施工对生产的影响降低至最小。维修部门为配合工艺组在不减产、不超标的情况下完成维修，多次组织相关部门进行方案讨论和优化（图2.1.1-3）。风管冷却是维修工作的另一大难点工作，经过多次商议，备选方案有干冰迅速降温、封堵器局部封堵、负压风机末端抽风机施工人员穿耐高温防护服等。权衡所有方案的安全性和时效性，最终决定采用在主管焊接带法兰人孔，在风管末端安装负压离心风机抽风降温的方式。

按照既定方案，在施工前完成了离心抽风机和维修人孔的安装，并在工艺试验的间隙完成了离心抽风降温试验，确定了降温时间大约为1.5h。这时，抢修工作的两大难点均得到了有效解决。2019年2月，利用春节期间来水谷期，厂部顺利停气5h完成了上述抢修工作。

 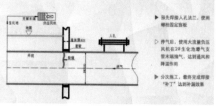

▲方案讨论会   ▲选定方案示意图

图2.1.1-3 方案讨论和优化

3. 借鉴意义

该案例对污水处理厂运营及相关抢修工作均具有一定的借鉴意义：

（1）污水处理厂在遇到需要长时间影响产量的施工作业时，应考虑积极优化方案，采用分次实施或带水实施的方法，降低对生产的影响。

（2）污水处理厂在需要进行类似停气作业时，可借鉴上述案例进行停气实验，得到生物池的运行极限条件，最大程度发挥各工艺段的有效能力。

（3）借鉴本案例，在生产运行的过程中，善于利用工艺互通性对生产进行适时适当的调整，有利于降低出水水质的波动，保障稳定运行。

（4）此次修复摒弃传统水冷方式，采用在管道末端加装负压离心机抽风降温，有效、快速且可控地解决了像鼓风管道这种高温、高湿度密闭空间需要快速冷却的难题，值得借鉴。

（5）在多次的管道维修经验中，采用在管道上加装人孔以供分次维修的方式能有效地解决管道无法实施长时间停水、停气的问题。大型管道在设计时应充分考虑和借鉴。

（6）此次管道破损位置为穿墙位置，大型管道由于地面沉降等导致管道撕裂的问题比比皆是，设计时应充分考虑该点，在管道穿墙处采用软性穿墙套管，以降低地面或构筑物沉降时对管道造成的拉力损伤。

2.1.2 高效沉淀池在污水深度处理实际运行中存在问题及解决措施

1. 事件描述

某污水厂处理提标改造后新增污水深度处理工艺——高效沉淀池。二沉池的出水经过中间提升泵房进入高效沉淀进行混凝沉淀，斜板沉淀池出水进入紫外消毒池，沉淀池底部浓缩后的污泥则通过微砂循环泵抽到水力旋流器中进行微砂和污泥分离，分离的微砂进入到絮凝池中回用，分离出的污泥排入污泥池（见图2.1.2-1）。

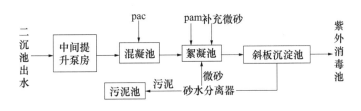

图2.1.2-1 工艺流程图

但在调试运行中仍存在以下问题：

（1）原聚丙烯酰胺配药浓度假定供水流量一定，固定投加干粉，但实际进水量会有明显波动，导致配药浓度波动大，药耗增大，配药不均匀，配药机频繁堵塞。

（2）原设计聚丙烯酰胺仅用自来水进行配药，但由于目前厂内施工较多，导致配药供水中断或者压力小，直接影响高效的聚丙烯酰胺药剂投加，导致出水水质变差。

（3）微砂泵作为高效沉淀池微砂循环系统中的重要设备，在实际运行中由于进水藻类鱼类以及部分杂物，导致堵塞砂泵，直接影响生产，且砂泵清理困难，运行前期在微砂泵前增设过滤网，但由于孔径较小，导致清理频率较为频繁，基本需一周一清，需要大量的人力物力。

（4）高效沉淀池原设计有不停水自动反冲洗系统，但在实际运行中自动气水反冲洗会导致单池出水的携带部分絮体流出池外，导致冲洗时出水浊度升高。

针对这些问题，厂内采取的主要优化措施如下：

（1）优化聚丙烯酰胺配药浓度。在与厂家协商后增加自控配药，新增进水电磁阀门，根据进水量自动调整干粉量，配药浓度更精确，减少药剂使用量，且配药均匀，堵塞情况大有好转。

（2）聚丙烯酰胺配药系统两路供水。经厂内讨论后选用高效出水或中水作为配药应急供水，根据厂内情况，最后配药水处新增了中水管快递接头，在自来水断水时，可快速切换为中水配药，保障了出水水质。

（3）微砂泵前增设大孔径（约2cm）滤网的过滤器，高效沉淀池进水端增设格网。该厂尝试增大过滤网孔径后，泵出口压力由原先0.19MPa升高到0.22MPa，同时在高效进水端新增格网，使过滤器清理频率降低为一到两个月清理一次，微砂泵运行也更加稳定。

（4）将不停水反冲洗程序改为单池自动停水反冲洗，同时将冲洗周期由原先的24h延长至48h，冲洗时出水的浊度明显好转。

2. 原因分析

厂内对新增高效沉淀池工艺及其运行管理模式都不熟悉，基本处于摸索阶段，需要根据现场的实际情况调整相关设计使其更加符合污水处理厂的生产需要。

3. 总结提高

（1）对污水处理厂而言，在新工艺调试初期应重点关注影响工艺出水水质的关键节点，对于高效沉淀池应重点把握药剂的投加、微砂循环系统和反冲洗系统，在各环节上做好备用方案和优化运行，才能最大程度保证出水水质的稳定性。

（2）高效沉淀池工艺已基本实现了全自动化控制，在实际运行中可远程实现系统的一键启停，药剂投加量随进水量进行自动PID调节，精准投药，操作简便。但系统的整体性联动性强导致对关键节点的要求较高，一旦某个点出现问题如单台搅拌器故障，一键启停系统将无法正常运行，因此对关键节点的设备和自控信号需加强检查和维护，保障系统运行和出水稳定性。

（3）在高效沉淀池的运行中药剂的投加直接影响出水水质，对于混凝剂这种液体药剂需要加强药剂管理和监测，对于絮凝剂一般选用聚丙烯酰胺粉末自行配置。配置过程应留意干粉投加量和水量的投加比例，以及药剂的配置浓度与设定浓度是否相符，防止药剂浓度过高导致管道堵塞或者药剂浓度过低影响出水水质。

（4）聚丙烯酰胺配药系统作为保障出水水质的关键节点，其中配药水源同样需要重点关注，特别是针对厂内自来水管网压力低或者厂内施工多的情况，需要留意配药水压，水压过小将无法进行正常配药，甚至影响加药泵的运行，因此建议在实际运行中增加一路配药水源，如果厂内出水水质较好可直接作为配药应急水源，保障高效沉淀池的稳定运行（见图2.1.2-2）。

（5）高效沉淀池选用微砂加速混凝沉淀效果，在实际运行中由于进水中携带部分杂物和藻类等会导致微砂循环泵频繁堵塞，而一旦堵塞微砂泵，只能暂停高效池运行同时需要耗费大量人力物力拆泵清理，直接影响厂内生产，因此在实际运行需重点考虑保障微砂泵的正常运行，可以在微砂泵前增加易拆卸清洗的格网或者在进水端增加人工格栅等措施，能够有效减少对泵的清理和损害，更有利污水处理厂的持续生产，减低运行成本（见图2.1.2-2）。

（6）高效沉淀池工艺目前采用了自动反冲洗系统，在不停水条件下进行气水冲洗，解决了传统沉淀池频繁人工停池冲洗问题，节省了大量的人力物力，但由于冲洗水直接排入出水，会导致冲洗时出水会携带少量悬浮物，可以调整为单格自动停水冲洗，并在冲洗后自动恢复运行，出水的SS相对更加稳定，同时可根据进出水水质和斜板运行情况调整自动冲洗周期，可以有效减少人工冲洗的频率。

(a) 聚丙烯酰胺配药系统　　(b) 聚丙烯酰胺配药水源　　(c) 微砂泵过滤器

图2.1.2-2　现场照片

2.1.3　V型滤池反硝化改造运行探索

1. 成果概述

2018年5月，江苏省地方标准《太湖地区城镇污水处理厂及重点工业行业主要水污染物排放限值》DB 32/1072—2018发布，以上标准新建企业自2018年6月1日起实施。对比现行标准，新标准的主要变化在于氨氮由5mg/L提高至4mg/L，总氮由15mg/L提高至12mg/L。以江苏某公司为例，该公司一、二期共计20万m³/d的污水处理规模，采用AAO＋高效沉淀＋V型滤池＋二氧化氯消毒工艺（图2.1.3-1），执行现行国家标准《城镇污水处理厂污染物排放标准》GB 18918一级A标准。目前出水水质稳定达标，对于新标准达标的主要风险点为冬春季节水温偏低，微生物活性较差，水量、水质、进水组分变化差异较大，易导致出水总氮波动，完全达到新标准有风险。

为探索提高污水TN去除率，对该公司现有的9号V型滤池进行简单的改造及调整运行试验，有效降低了9号V型滤池出水TN、NO_3-N浓度。积累的数据及经验可在今后提标改造或出水水质异常需应急处置时，提供必要的理论及实践依据。

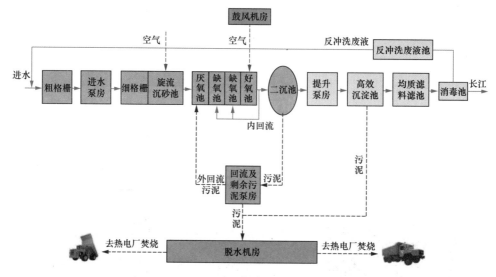

图2.1.3-1 工艺流程图

2. 具体方法

为进一步发掘现有系统的脱氮能力，为稳定达标运行提供保障，该公司以9号V型滤池作为试验对象，进行反硝化滤池模拟试验。现有滤池参数为：滤池尺寸13.99×8.6×2.8（m）（含砂层），滤料厚度1.5m，滤速7.12m/h，反冲洗周期24h，反冲洗时间12min，滤料采用石英砂均质滤料，有效粒径d_{10}为0.90~1.2mm，不均匀系数$K80 \leqslant 1.4$，采用长柄滤头及混凝土滤板。

现有的滤池结构不作调整，增加碳源（乙酸）投加系统和碳源储罐（2t），滤池砂层添加生物反应池活性污泥，对滤池系统进行微生物接种；接种后按梯度分时段投加碳源，对滤池内菌群进行阶段培养，驯化反硝化菌为优势菌群，达到进一步去除水中的总氮的目的；滤池运行及反冲洗参数进行调整，避免反冲洗强度过大导致菌群流失而降低TN去除效率，同时也应保证滤池滤速不受明显影响。

3. 试验结果

经过约两个月的试验及化验分析，该公司滤池反硝化运行取得了一定的脱氮效果（见表2.1.3-1）。

滤池试验数据总表　　　　　　　　　　　　　　　表2.1.3-1

指标	滤池进水	实验组	对照组
TN	7.79	5.93	7.47
NO_3-N	6.49	4.78	6.42
COD	36.8	34.9	32.2
SS	6.35	5.07	4.75

（1）脱氮效果。反硝化脱氮的过程是反硝化菌以有机碳源及电子供体被氧化提供的能量，利用硝酸盐和亚硝酸盐中的氮元素作为电子受体，进行氧化还原反应，最终生成 N_2 排入大气达到脱氮的目的。污水经二级处理后内部碳源已经十分有限，需靠投加外部碳源才能实现反硝化功能，根据工程经验，去除每克 NO_3-N 需要乙酸6g，本实验拟去除 2mg/L硝态氮进行试验。试验组数据表明（图2.1.3-2），硝酸盐氮的去除率不稳定，波动较大，最低去除量5.59%，最高去除量35.4%；第34次数据时，因该公司二级处理运行工况发生变化（生反池缺氧段开始投加碳源，管网水量随季节变化有所下降），滤池进水硝酸盐氮明显下降，试验组实际碳源投加比有所上升，硝酸盐氮的去除率有所上升。

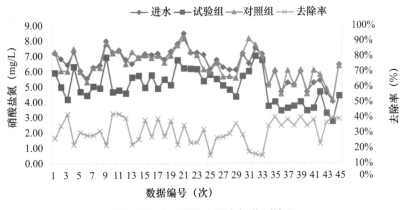

图2.1.3-2　滤池内硝态氮监测情况

（2）COD去除情况。理论上，石英砂滤池对溶解态COD的去除率可以忽略不计，而实际运行过程中滤池出水COD低于滤池进水，主要是因为水中悬浮物携带的COD在滤池截留悬浮物的同时也被去除。乙酸作为一种优质碳源，其COD当量约为1.07，因实际反硝化模拟实验过程中乙酸未必能被完全消耗或者有过量投加的可能性，因此检测滤池进出口的COD非常有必要，实验数据表明（图2.1.3-3），正常运行的滤池COD去除量大概在4mg/L，在投加乙酸的试验组COD的去除量有所下降，同时也存在出水

COD超过进水的情况，因此在实际运用过程中应考虑乙酸投加量的问题，避免因投加乙酸引起出水COD波动。

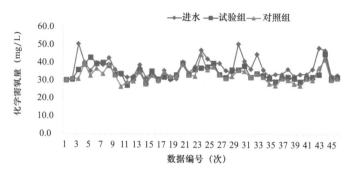

图2.1.3-3　滤池COD对比检测数据

（3）对出水SS及滤池滤速的影响。将原有滤池改造实现反硝化脱氮功能，同时必须保证滤池正常的截留悬浮物以及正常滤水功能。滤池中原有石英砂粒径约0.9～1.2mm，属于相对较小的粒径，比表面积相对较大，在接种挂膜后，砂粒间隙理论上会减小，同时生物膜也会对悬浮物有一定的截留作用，但亦要考虑生物膜代谢过程中剥落的细小碎片会成为出水悬浮物的一部分。试验数据表明（图2.1.3-4），试验组悬浮物的去除率为19.7%，最高值为6.75mg/L，正常运行的对照组悬浮物的去除率为22.6%，最高值为6.50mg/L，综合10mg/L的排放标准来看，试验组滤池出水悬浮物指标虽然有所上升，但总体仍位于可接受区间。

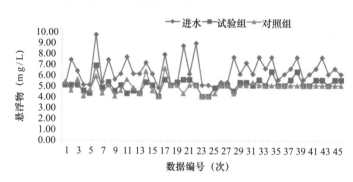

图2.1.3-4　滤池进出口悬浮物检测对比分析

滤池正常运行时，单个滤池反冲洗周期一般为24～48h不等，滤池恒液位模式运行，以清水阀开度及滤池液位作为反冲洗的指示参数。因试验组滤池初次挂膜后生物膜的稳定性尚不确定，为避免反冲洗强度过大破坏生物膜，故对试验组、对照组的反冲洗参数进行重新设定，降低冲洗强度及冲洗时间，反冲洗模式设定为手动，周期为每24h反冲洗一次。滤池进出口均未设置流量计，因此以滤池清水阀开度及滤池液位作为试验对比分析参数。以实际运行时的对比数据来看（图2.1.3-5），接种初期，对滤池的水通性有较大影响，在反冲洗后数小时内，清水阀开度不断增大到100%，滤池内液位逐渐超过恒液位水准，滤池出水量已明显偏低；数天后，生物膜稳定性增强，恒液位模式下滤池清水阀开度逐渐下降并趋稳，但较未挂膜的滤池仍有一些差距，说明生物膜对滤池的水通量有所影响。更换粒径更大的沙粒填料，颗粒间隙增大理论上可改善水通量不足的问题。

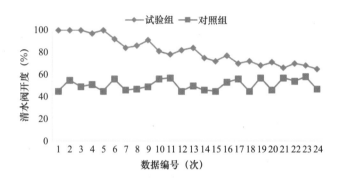

图2.1.3-5 滤池清水阀开度对比分析

4. 借鉴意义

（1）在部分城镇污水处理厂进行简易改造石英砂滤池实现除磷脱氮功能具有一定的可行性，通过接种微生物挂膜并投加碳源，对水体中的硝态氮有一定的去除能力；因受滤池砂层的厚度限制，TN实际去除率并不是很高，因此该方案适合目前出水TN相对较低、以进一步保障出水水质为目的的污水处理厂。

（2）简易改造石英砂滤池对水质SS指标影响较小，针对水质COD指标应充分考虑碳源投加量带来的影响，应避免过量投加造成出水COD的超标风险，应根据厂内实际情况制定投加方案。

（3）接种微生物挂膜前期对滤池水通量影响较大，后期趋于稳定，对于满负荷运转的污水处理厂选择启用此类方案应提前计划，分步实施，避免对处理能力造成影响。

2.1.4 二沉池故障短流跑泥引起滤池大面积堵塞的事件处置

1. 事件描述

2018年9月28日上午8时，中控室运行人员例行巡检时发现滤池进水SS超高（见图

2.1.4-1），已造成滤池堵塞严重，不能正常过滤。后迅速检查二沉池锯齿堰出水，发现无异常。通过管道排摸并结合以往运行经验，确定原因为3号二沉池出水槽底部与该池出水口池壁结合部脱离，导致大量污泥外溢至后续工艺段。随即停止3号二沉池进水，并将现场情况上报运行部、设备部。

（1）运营中心根据实际情况启动应急预案，组织实施应急抢修。

1）通知厂外泵站进行提升水量管控，减少泵站来水量以减轻厂内运行负荷。在外部污水管网污水不外溢的前提下同时减低厂内提升流量。

2）打开滤池超越阀，使二沉池出水超越滤池工艺段后经消毒池直接排向出水口。化验室同时对总排口出水水质进行不间断监测，运行人员通过出水在线监测系统监控出水水质。

3）组织人员打开滤池检修放空阀（见图2.1.4-2），同时启动滤池提升泵。提升至滤池提升泵房及分配井进水悬浮物恢复正常后，关闭放空阀。

图2.1.4-1　滤池进水含有大量SS　　　图2.1.4-2　打开滤池放空阀

4）切换所有滤池操作，由自动转手动状态（见图2.1.4-3）。选择单一滤池进行手动强制反冲洗，同时手动调整其余滤池滤速至最低状态（保持清水库液位高度以满足水洗供水为准，不溢流至后续工艺管道为限）。反复冲洗直至滤池内反洗水清澈，滤料清晰可见后停止操作。切换该滤池至自动过滤，更换冲洗其余待洗滤池重复上述步骤。同时，根据清水库水位适当减少其余未冲洗滤池使用个数，在完成冲洗的滤池滤水量能满足反冲水洗需求后，关闭所有其余待洗滤池清水阀，继续完成其余滤池强制冲洗工作。

5）在完成一组滤池强冲洗后，对该池滤后水进行SS指标检测。指标达到排放要求后开始对清水库SS进行持续跟踪检测，直至达标后停止控制清水库液位。同时，根据滤池强制冲洗完成情况，逐步关闭滤池超越阀门至全闭状态，加大滤池提升泵房提升量（由于是二沉池溢泥问题，SS为主要解决问题，其余指标均随SS的去除而自动恢复正常）。

6）完成所有滤池强制冲洗后，化验室每间隔1h取总排口水样化验（见图2.1.4-4），持续2次。化验结果及时上报至生产运营中心。

（2）运营中心根据实际运行状态及出水水质（见图2.1.4-5），逐步解除外部泵站水量管控，加大厂内污水提升量至正常状态（见图2.1.4-6）。组织机修组对3号二沉池溢泥处进行维修。

图2.1.4-3　现场管控

图2.1.4-4　监测总排口

图2.1.4-5　中控综合管控

图2.1.4-6　高强度清洗后的滤池.

2. 原因分析

由于建筑物使用时间较长，长期浸泡水中老化、破裂，导致3号二沉池出水槽不锈钢底板与该池出水口池壁结合部脱离、水槽轻微上浮，大量污泥外溢至后续工艺段。

后续解决方案：重新浇筑此部位混凝土并增加不锈钢预埋件，对底板及预埋件进行焊接以增加牢固度。

3. 总结提高

此次整体应急抢修过程较为协调、有序，但事件的发生及后续处置过程还有较多的地方值得反思、改进。需对自身薄弱环节进行总结，并在以后的工作中逐步完善，从而给生产运行稳定提供有力的保障。

（1）此次事件发现时间较滞后，导致大量悬浮物进入滤池系统造成大面积堵塞。在后续工作中，需进一步加强人防、技防，明确巡检及监控重点部位。以提升反应时间，控制事件影响程度到最小。

（2）加大隐患排查力度及频次，特别是对即将到达使用年限的设施、设备需重点关注。对隐患点进行登记，并纳入后续更新、改造计划表。在中间过渡时间段，落实定时巡查记录制度，明确巡查重点确保万无一失。

（3）整个应急抢修过程中，部分员工对日常几乎不使用的设备、设施位置不明确，在执行指令时造成了时间浪费。后期，将分批对所有一线员工进行现场培训，提高人员对设备、设施使用的掌握度和熟练度，借以提升后续工作的效率。

（4）一线员工是整个公司能稳定运行的重中之重，综合素质的提升对减小事件发生的概率有决定性作用。下一步应加强员工在工艺、设备等方面的培训，组织工艺、设备工程师授课。提升普通员工的预判能力，争取将事故扼杀在萌芽状态，减少应急类抢修等工作。

2.1.5 氧化沟曝气系统改造工程

1. 成果概述

某污水处理厂氧化沟原采用穿孔管曝气器，由于使用时间长，曝气管破裂状况严重，致使氧化沟充氧能力不足。经使用其他厂废弃的移动式管式曝气器，实现不停产施工。施工完成后，大大提高了充氧效率，为出水水质提标提供有力保障。

2. 具体方法

为提高氧化沟曝气系统的充氧能力和效率，该厂考虑将原来较为粗放的穿孔管曝气器改造为微孔曝气器，但由于施工期间需减产而无法实施。该厂了解到其他厂有废弃的移动式管式曝气器。经实地考察过这批管式曝气器，发现虽然是旧设备，但是总体状态良好，且能在不减产的情况下施工安装。因此，该厂决定利用这批旧的管式曝气器对氧化沟曝气系统进行改造。

结合管式曝气器的充氧能力、氧化沟尺寸和现有鼓风机的技术参数，该厂经认真核算，确定了曝气器数量和安装方式。

在施工过程中，该厂进行了有效的监督。对管道除锈、防腐及焊接进行了严格的质量控制；对曝气器进行加压检测，更换了不合格的曝气器；对曝气器吊装过程进行安全监督和安装检测；在通气前对管道进行吹扫和密闭性检测（见图2.1.5-1），从而确保了施工质量。改造后运行状况良好（见图2.1.5-2）。

由于充氧效率的大幅度提高，减少了鼓风机运行的数量，每年节约曝气用电127万kWh，约合人民币76.2万元，运行1年7个月可收回投资改造成本123万元。

（a）施工现场图　　　　　　　（b）闭气试验

（c）施工前后曝气效果对比图

图2.1.5-1　施工过程

3. 借鉴意义

目前污水处理厂普遍都在进行提标改造。在不允许停产、减产的情况下，要更换曝气器，采用这种移动式曝气器可解决这一难题，在任何生物处理段均可使用。

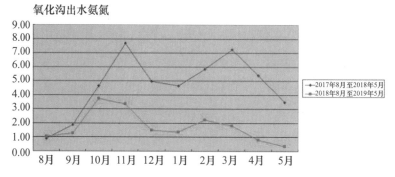

图2.1.5-2 项目验收前后氧化沟出水氨氮对比

2.1.6 氧化沟出水端转刷拒停导致跑泥的应急处置

1. 事件描述

某污水处理厂A区采用三沟式氧化沟处理工艺。经氧化沟处理后的出水进入砂滤池进行深度处理，正常情况下滤池进水浊度低于10NTU。

2018年7月某日，该厂运行人员巡查时发现氧化沟出水端堰门跑泥（见图2.1.6-1），滤池进水浊度迅速升高至超过500NTU，半数砂滤池被堵塞等待反冲。该事件造成出水水质波动2h，氧化沟减产1h，当天污水处理量减少约2000m³。

图2.1.6-1 转刷拒停导致氧化沟跑泥

2. 原因分析及应急措施

经现场查看，造成此次事件的原因在于：

（1）氧化沟23号转刷接触器因老化失灵，导致该转刷无法按照预设程序启停，氧化沟出水端被该转刷剧烈搅动导致跑泥。

（2）经查，氧化沟23号转刷接触器失灵原因是内部金属弹片烧蚀粘连，导致电气主回路处于固定接通状态无法切断，按下"停机"和"急刹"按钮等常规操作均无法使23号转刷停下来，常规应急处置措施无法适用该新情况新问题。期间采取以下应急措施：

1）按流程上报集团公司并组织抢修。

2）立即采取人工干预措施：立即减少A区进水泵运行台数并现场逐台强制关闭氧化沟出水堰门，尽最快速度遏制跑泥。

3）由电工对23号转刷接触器进行处理，使其停止运行。

4）在边沟沉淀一段时间后恢复通水。

3. 总结提高

（1）加强对老旧设备的日常检查和预防性维护力度，制定更新重置计划，防患于未然。

（2）为预防和确保此类故障在以后能够得到正确、有效、快速、有序的处理，编写了《氧化沟翻泥应急处置管理流程》，供日后规范操作使用（见图2.1.6-2）。

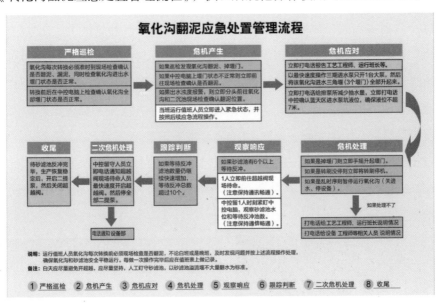

图2.1.6-2　氧化沟翻泥应急处置流程

2.1.7　DO仪表异常导致出水水质波动的解决方案

1. 事件描述

2016年11月30日中午，三号线西侧（以下简称"三西"）好氧区Ⅰ段DO出现异常升高，并在2～4mg/L范围内波动，但气量却异常低，仅200m³/h左右。从下午开始，总出水氨氮呈阶梯上升趋势，最高达到1.35mg/L（见图2.1.7-1）。

图2.1.7-1　出水氨氮呈上升趋势图

针对三西好氧区Ⅰ段DO出现异常升高问题，运行人员迅速到现场检查生物池曝气情况，观察到曝气正常。由于总出水氨氮持续上升，运行人员采集8条线的瞬时样出水检测氨氮，三西出水氨氮达5.87mg/L，其余7条线出水氨氮均正常。此时，判断出水氨氮持续上升可能与DO在线仪表异常有关。

为进一步证实判断，使用便携式DO分析仪测得，三西好氧区Ⅰ段DO仅有0.3mg/L，其余好氧区DO数据均正常。因而判断出水氨氮上升与三西好氧区Ⅰ段DO在线仪表异常导致气量不足有关。为了尽快使出水氨氮上升趋势得到控制，随即将三西DO控制模式由自动暂时切换至手动，通过人工干预增加气量，并安排相关人员对该仪表探头进行清洗校准维护。维护完毕后，三西DO逐步恢复正常。

经过上述处理，再次检测三西出水氨氮已降至4mg/L，总出水氨氮也开始逐步下降到1mg/L以下（见图2.1.7-2）。从而最终判断正是三西好氧区Ⅰ段DO在线仪表异常导致出水氨氮上升。

 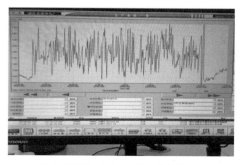

（a）运行人员分析8个水样氨氮数据　　　　（b）三西第一段DO异常波动曲线图

图2.1.7-2　事件处理过程（一）

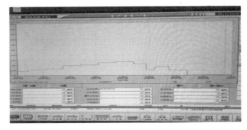

| （c）各条线出水氨氮数据 | （d）应急处理后总出水氨氮趋势图 |

图2.1.7-2　事件处理过程（二）

2. 原因分析

由于三西好氧区Ⅰ段DO在线仪表探头表面有异物附着，导致DO数据不准，从而使得DO自动控制模式未能自动加大气量，让该条线的出水氨氮超标而致使总出水氨氮数据持续上升。

3. 总结提高

（1）今后再遇到氨氮升高的问题，首先应全面检查在线的各DO仪表有无异常，要确保在线DO数据准确可靠，从而确保气量充足。

（2）出水数据异常时，要迅速对各条线的出水进行分析，找到异常的根源，及时调控，避免水质超标。

（3）定期对每条线的DO仪表进行清洗，确保不会因为DO仪表异常导致水质超标。

2.1.8　搅拌器故障的现象与应急处置

1. 事件描述

某日运行人员巡检时发现二沉池出水浑浊（见图2.1.8-1），测得的微砂浓度较低，起初认为是微砂不足所致，于是补充投加微砂，但发现问题仍未能解决，后经全面检查，发现为熟化区搅拌器桨叶停转，导致微砂沉于池底未能与悬浮物及药剂充分结合，沉淀区絮体较轻、沉降速率变慢从出水堰流出，造成出水浑浊，通过修复搅拌器后问题得以解决。

2. 原因分析

该厂二沉池采用的是ACTIFLO高效沉淀处理工艺（见图2.1.8-2），由混凝池、投加池、熟化池以及斜板沉淀池组成。除了添加混凝剂和絮凝剂外，还会在投加池添加微砂来增加悬浮物的密度，以加速其在斜板中的沉淀，提高处理效果。沉淀下来的微砂和污泥经刮泥机、离心泵抽到砂水分离器中，微砂会被分离出来回到池中循环使用，污泥会流向废水池再次处理。绝大多数的微砂能被回用，少量的微砂流失可通过人为投加补充。

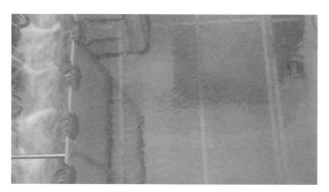

图2.1.8-1　故障前出水浑浊

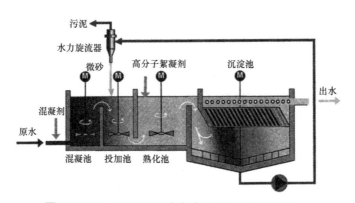

图2.1.8-2　ACTIFLO高密度沉淀池结构示意图

出水发现浑浊时，观察到熟化区矾花絮体较少且形态细小。首先检查药剂投加情况并无异常，检查搅拌器指示灯同样显示正常，紧接着测量微砂浓度发现微砂浓度明显不足，且在安排补充微砂后效果仍不理想。再次检查发现，熟化池搅拌器状态灯虽然显示正常，但观察熟化池水面发现水纹波动不大，搅拌器电机温度不高，进而发现电机实际并未转动。由于搅拌器隐蔽在深水下，实际运行状态常不易被发现。投加的微砂通过搅拌器快速完全混合，使微砂与微絮凝体有效结合，从而提高絮凝体的重量，加快沉降速度，若搅拌器未正常运行，絮体较轻下沉速率较慢将很容易从出水堰流出导致出水浑浊。

通过检查搅拌器变频器，发现变频器异常，频率输出为0Hz，造成桨叶停止转动。

在维修人员抢修完变频器后，仍不能带动搅拌器桨叶，并出现过流保护现象，原因为在变频器异常的过程中沉积的微砂将桨叶掩埋。能否在不放空池子的情况下尽快把故障排除呢？经研究，尝试在地面上缓慢转动搅拌器电机转轴的办法：先打开电机散热叶轮盖，取出叶轮，再用管钳卡住转轴，缓慢来回转松动沙子，过程中注意不能用力过猛，稍微转动后沙子开始松动，等到能转几圈后，再送电点动试机，最终变频器不再报过流故障，运行一切正常，出水也逐渐清澈（见图2.1.8-3）。

（a）检修搅拌电机　　　　　　　　（b）修复后出水清澈

图2.1.8-3　事件处理过程

3. 总结提高

（1）提高搅拌器设备的重要等级，多关注搅拌器设备的运行情况，加强巡检。

（2）加强设备保养，完善设备异常报警信号，当设备的运行频率低于设置的低限时通过中控报警弹窗提醒值班人员。

（3）搅拌器现场控制柜提示灯显示开启状态，设备也可能存在未正常运行的情况，还应通过现场观察设备转动情况、水纹波动情况、变频器参数等来判断。

2.1.9　后置反硝化生物滤池经常同时堵塞的案例

1. 事件描述

某厂后置反硝化生物滤池共有2个，采用BIOSTYR PDN工艺（见图2.1.9-1），池内有2m厚的轻质滤料，附着在上面的生物膜处于厌氧环境，实现脱氮的作用，由于出水来自硝化滤池，所以会出现碳源不足的情况，需投加甲醇来提高总氮去除率。污水提升经流量计先进入公共进水渠，再经两池进水阀跌落到池底，经滤料滤头流出至出水渠。

当过滤一段时间后，滤料截留下来的污染物会影响出水的情况，堵塞率是评估滤池堵塞程度的指标，与进水流量，水头损失有关，堵塞越严重堵塞率就越高，因此控制反冲洗解决堵塞问题，如果两个池同一时段进行反冲洗，就有超标风险，最好是错开两池的反洗时间，但是运行中发现，即使错开反洗时，PDN堵塞率曲线总是逐渐重合在一起堵塞。当其中一个进行反洗，另一个经常会出现堵塞率快速上升到100%的堵塞故障，会使出水硝氮升高，总氮就有超标风险，以前只要求混合样达标的情况下问题不大，但现在要求瞬时达标就无法实现（见图2.1.9-2）。

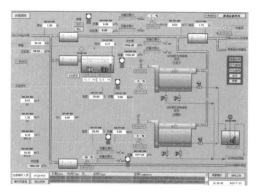

图2.1.9-1　BIOSTYR PDN工艺图　　图2.1.9-2　堵塞率曲线逐渐重合堵塞

2. 原因分析

当两个BIOSTYR PDN池堵塞率都超过60%时，打开公共进水渠，观察发现：

（1）如果将1号PDN池关闭，关闭前总进水量减半，使2号PDN池进水量维持原水量不变（因为两池进水量是平分的），此时发现进水渠液位逐渐上升，同时堵塞率快速上升到100%。分析得出，当其中一个PDN池堵塞率接近60%时，进水口不再是跌落的方式进水，而水位上升至进水闸；此时另一个PDN池堵塞率较低，出水正常，则满上来的水就会从该池跑掉，这样两池进水就不是平分的关系。堵塞率越高进水就越少，计算出来的堵塞率就偏小，而是事实上已堵塞了。当滤池反洗时，先关闭进水阀，水量自动减半后，进入另一个池的水量就是真实水量，计算出来的堵塞率就是真实的，现在1号PDN池关闭了，满出来的水不能从1号PDN池流走，因此进水渠液位上升很快，因此故障报警。如果值班人员没有及时恢复，水质就有超标风险（见图2.1.9-3）。

（2）如果将2号PDN池关闭，关闭前总进水量也减半，使1号PDN池进水量维持原水量不变，此时发现进水渠液位逐渐下降，同时堵塞率也会跟着下降（见图2.1.9-4）。

分析得出，两池运行时堵塞率低的1号PDN池进水大部分都从该池流走，因此流速要比2号PDN池大很多，不再是总进水1/2的关系，计算出的堵塞率就不准确，现单池运行时，没有2号PDN池那部分水过来，因此进水口液位下降了，此时的堵塞率才准确。

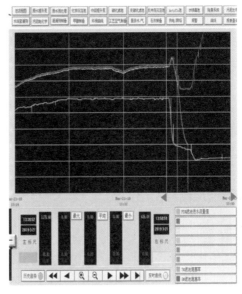

（a）堵塞率90%时进水满上来　　　　　　　　（b）8号堵塞升到100%

图2.1.9-3　1号PDN池关闭，2号PDN池进水量不变

综上所述，当有一个堵塞严重时，另一个池就会超负荷运行，最终两池堵塞曲线重合，同时到达堵塞状态。当1号PDN池反洗完成后，将堵塞率100%的池子再次投入服务时，堵塞率下降很多。因为1号PDN池反冲洗后出水正常，大部分水都经它流走了，因此2号PDN池堵塞率由100%降到正常状态，但由于1号PDN池刚洗完，同时水量又超负荷运行，因此出水硝氮就会高，总氮就有超标风险。

3. 总结提高

（1）配水不均匀的问题是出现在堵塞率接近60%，水淹没进水口后造成的，如果按以往的方法控制，同时堵塞时1号PDN池反冲洗，反洗过程中2号PDN池又堵塞，等1号PDN池洗完后发现2号PDN池又不堵塞了，然后就让其运行，这样的控制方法是不正确的，两池很快又会堵塞。

（2）改进措施，优化程序，当堵塞率达55%时提醒反洗，增强其疏水性，这样配水均匀，堵塞率才能真实显示；当两个池堵塞率都接近60%时，先小洗一个（小洗时间比大洗短很多，对去除率不会有太大的影响），再大洗一个，这样控制对水质处理效果较好。

（3）效果对比：两池堵塞后只洗一个，情况是刚洗完的1号PDN池不到4h堵塞率就超50%了，出水硝氮12.65mg/L（见图2.1.9-4）。而新的控制方法，当两个池堵塞率都接近60%时，先小洗一个，再大洗一个后，出水硝氮为10.7mg/L，最大为11.25mg/L，同时反洗完成的7个小时仍未出现堵塞情况，可见改变堵塞率控制后，对总氮处理效果是有改善的（见图2.1.9-4）。

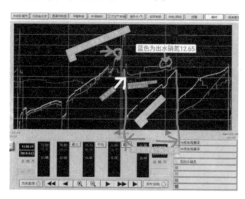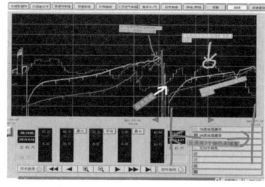

（a）改变堵塞率控制前 　　　　　　　　（b）改变堵塞率控制后

图2.1.9-4　改进前后对比

2.1.10　UCT工艺TN去除率优化

1. 事件描述

某污水处理厂采用UCT处理工艺（见图2.1.10-1），冬、春季枯水期时，由于进水碳氮比严重偏低，加之前端进水多处因设计、施工等原因存在明显的跌水复氧现象，影响生物池缺氧反硝化环境，导致TN去除率一直偏低。

2. 原因分析

（1）进水TN浓度高、BOD浓度低，平均碳氮比值仅为1~2之间，碳氮比值失衡，影响生物脱氮效率；

（2）前端进水多处因设计、施工等原因存在明显的跌水复氧现象。提升泵至细格栅/曝气沉砂池段最大落差将近1.2m（见图2.1.10-2），进水DO由0.2mg/L上升至1.2mg/L。曝气沉砂池至UCT池进水分配井段落差达到0.5m（图2.1.10-3），沉砂池出水溶解氧从3mg/L上升至6mg/L。

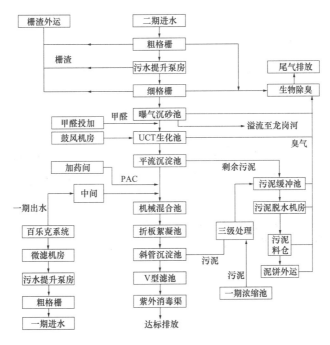

图2.1.10-1 污水处理工艺流程

（3）由于部分好氧廊道曝气过量，导致好氧段往缺氧段的回流污泥的DO较高（见图2.1.10-4），对缺氧环境造成一定冲击。

图2.1.10-2 提升泵至细格栅现场落差情况

图2.1.10-3 进水分配井段落差情况

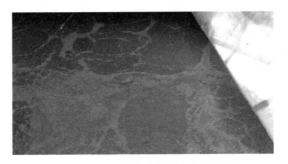

图2.1.10-4 好氧末端曝气过量情况

为了提高TN去除效率，采取了如下调整措施：

（1）投加碳源，改善进水碳氮比。到市场积极寻找廉价碳源，利用糖果厂废糖浆水（几乎免费）替代工业冰醋酸（4000元/t），然后优化投加点位，通过泵直接补充至缺氧段，减少碳源消耗（见图2.1.10-5）。

（a）廉价碳源投加装置　　　　　　（b）优化碳源投加点

图2.1.10-5　投加碳源

（2）工程技改，减少跌水复氧。通过加装叠梁闸、木方等（见图2.1.10-6），降低流速和减少前后水流落差高度，尽可能消除跌水复氧现象。改造前，进水DO为0.3mg/L，厌氧段进水DO为6mg/L；改造后，进水DO为0.3m/L，厌氧段进水DO降低至3mg/L，各工艺段跌水复氧的情况明显改善。根据实际运行效果，上述工程技改措施未对各工艺单元正常过水产生不良影响。

（3）工艺优化，优化缺氧反硝化环境。密切控制内回流末端DO和通过在内回流廊道加装闸门，减少好氧段至缺氧段的回流比，增加缺氧段至厌氧段的回流比，减少好氧段DO对缺氧环境的破坏；通过阀门开度控制，调整生物池厌氧和缺氧段的配水比例，加大缺氧段进水量、减少厌氧段进水量，实现进水碳源优先用于缺氧反硝化过程，提高生物脱氮效率（见图2.1.10-7）。

（a）加装闸门

图2.1.10-6　跌水段加装闸门情况（一）

（b）加装闸门前分配井情况　　（c）加装闸门后分配井情况

图2.1.10-6　跌水段加装闸门情况（二）

（a）内回流末端曝气控制　　　（b）内回流廊道加装闸板

（c）调整生物池厌、缺氧段的进水量

图2.1.10-7　工艺优化

（4）加强监测，确保良好脱氮环境。运行人员密切关注好氧段及回流污泥的碱度及pH变化，通过投加片碱及时补充生物脱氮所需碱度。

3. 总结提高

（1）通过以上解决措施，该厂的TN去除率由40%逐步上升至70%。

（2）影响TN去除率的因素有很多，运行过程中应加强日常数据分析，不断分析原因，有针对性地调整工艺运行方式，摸索适合现有进水水质情况的最佳生物除氮参数，持续优化UCT工艺的控制。

（3）针对碳氮比值失衡的污水，宜选用廉价优质的有机碳源（废糖浆、废醋酸、食品厌氧发酵废液等）以改善总氮去除率，同时对于降低碳源投加费用、控制污水处理成本也有较强的现实意义。在此类碳源使用之前还应对其化学成分进行全面的化验检测，确定适合的投加浓度并保证含有的有毒有害物质符合使用要求。

（4）污水处理设施在设计之初应全面掌握处理污水的浓度和性质，充分论证和选用适合的处理工艺，在工艺管线高程设置和阀门安装上根据污水处理需求进行优化，减少过度跌水现象。对氮、磷指标有较大处理需求的，还应增加化学除磷及碳源投加装置以增强出水稳定达标的能力。

2.1.11 有机絮凝剂与无机混凝剂联合投加的效果分析

1. 事件描述

某污水处理厂活性污泥沉降性出现明显变差，一般有两种情况：一是受异常进水冲击，出现污泥中毒、解体；二是污泥外运长时间受阻，导致污泥严重老化。以上两种情况，都可能出现二沉池出水恶化（SS、总磷升高），增大出水超标风险（见图2.1.11-1）。

（a）污泥中毒、解体　　　　（b）污泥老化、出水恶化

图2.1.11-1　污泥沉降性变差

2. 原因分析

该厂的处理工艺见图2.1.11-2，当出现以上两种情况时，往往需要大幅增加混凝药剂（聚合氯化铝除磷药剂）的投加浓度以改善污泥沉降性能并确保出水稳定达标。

期间经现场试验，发现通过混凝剂（聚合氯化铝，出药点：生物池出水混合井）和絮凝剂（阴离子聚丙烯酰胺，出药点：二沉池进水分配井）的联合使用可有效改善出水水质并显著降低药剂使用成本，同时两种药剂联合投加的装置结构简单、易于使用维护，使用过程不会对操作人员和周边环境产生不利影响。

图2.1.11-2 工艺流程简图

（1）改善出水方面：当活性污泥出现中毒或严重老化时，正常沉降性能将显著下降，可能出现污泥流出的情况并导致出水恶化（出水总磷＞0.5mg/L）。通过阴离子聚丙烯酰胺与聚合氯化铝联合投加可以有效增强污泥混凝沉淀效果，减少出水中胶体或固体形态的总磷浓度，避免或减少出水超标现象（表2.1.11-1）。

烧杯试验比对　　　　　　　　　　　　　　　　　　表 2.1.11-1

沉降1min： ①泥污沉降速度慢，泥水分离不明显； ②污泥沉降速度快，可见繁花絮体	沉降5 min： ①泥水分离，水界面浑浊模糊，悬浮颗粒多； ②泥水分离，界面较清晰，絮体紧密下沉	沉降30 min： ①污泥上清液浑浊，细小絮体悬浮； ②污泥上清液清晰而透明

注：①号聚合氯化铝投加浓度100mg/L；
　　②号聚合氯化铝投加浓度70mg/L，聚丙烯酰胺投加浓度0.5mg/L。

（2）减少药耗方面：活性污泥中毒期间，在同等浓度进水总磷的情况下，除磷药剂的投加浓度将会从日常60mg/L提高至100mg/L或以上，且除磷药剂呈较强酸性，过量投加会大量消耗生物系统碱度，有时还需投加片碱调节出水pH。通过阴离子聚丙烯酰胺与除磷药剂联合投加，除磷药剂的投加浓度降至70mg/L左右，下降30%，综合药剂成本减少22%左右，详见表2.1.11-2。

投 加 方 案

表 2.1.11-2

方案	除磷药剂投加浓度	除磷药剂	阴离子聚丙烯酰胺	合计药费
1	100mg/L	15.0t/d	0t/d	10950元/d
2	70 mg/L	10.5t/d	0.05t/d	8515元/d

注：按处理水量15t/d，除磷药剂单价730元/t，阴离子药剂单价17000元/t。

（3）降低滤池运行负荷：正常情况下二沉池出水SS在30mg/L左右，出水恶化时将上升至60mg/L或以上，造成滤池运行负荷增大，容易出现堵塞、增加反冲洗频次。通过聚丙烯酰胺、聚合氯化铝联合投加可有效改善二沉池出水水质、降低滤池进水SS至设计范围内。

3. 总结提高

当活性污泥沉降性出现明显变差时，在同等浓度进水总磷的情况下，单独提高除磷药剂的投加浓度，虽可以适当提高污泥沉降效果，但同时会大量消耗生物系统碱度，有时还需投加片碱调节出水pH，药剂成本较高。然而通过除磷药剂与阴离子聚丙烯酰胺的联合投加，不仅可以有效增强污泥混凝沉淀效果，改善二沉池出水，而且能够减少综合药剂成本。实例：某日某污水处理厂生物系统受冲击导致污泥沉降性变差，二沉池出水发黄变浑浊，经采取聚合氯化铝与聚丙烯酰胺联合投加的措施，二沉池出水逐渐变澄清（见图2.1.11-3）。

（a）污泥沉降效果变差　　　　　　（b）污泥沉降效果改善

图2.1.11-3　现场污泥沉降效果

因此，针对活性污泥出现较严重解体或沉淀效果明显变差的情况，可先通过烧杯试验确定适合的药剂投加量，采用少量有机絮凝剂与无机混凝剂联合投加的措施，可以较大程度改善沉淀或过滤效果，而且更加经济。本方案适用于污水处理工艺出现活性污泥沉降性变差时应急使用，能够带来生产效益，但考虑到药剂污泥回流到生物处理系统，不建议长期使用。如果某些污水处理厂在二沉池之后与滤池之前另设有独立的混凝沉淀单元，在该单元适当投加阴离子聚丙烯酰胺能够降低滤池进水悬浮物，同时药剂污泥直接排放至污泥脱水系统，不对生物系统造成影响，则可以长期使用。

2.1.12 污水处理厂HACCP体系运用研究

1. 成果概述

随着国家"水十条"等政策的落实，对污水处理厂的水质管理提出了新的要求，尤其是环保督查以瞬时样作为考核处罚依据，这就要求污水处理厂在任何时间段，出水水质都应稳定达标。2018年1月起，某公司通过运用HACCP体系，加强了日常的质量控制，使出水水质指标保持在稳定可控的范围内，同时及时科学地调整了用电、药量，避免浪费，节省了成本。

2. 具体方法

常州某公司设计处理能力20万m^3/d，处理工艺为水解酸化＋改良型A2/O＋深度处理工艺（见图2.1.12-1），出水达现行国家标准《城镇污水处理厂污染物排放标准》GB 18918一级A标准（见表2.1.12-1）。进水口设置了COD_{Cr}、T-P、NH_3-N在线检测仪，出水分别设置了COD_{Cr}、T-N、T-P、NH_3-N在线检测仪，检测频率为2h/次；生化处理单元设置DO、MLSS、ORP、pH仪，消毒单元设置余氯仪，可实时监测反馈生产信息。

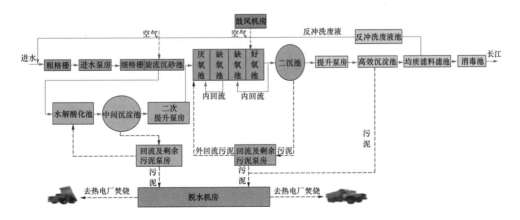

图2.1.12-1 工艺流程图

设计进出水标准 表 2.1.12-1

项目	排放标准	
	进水	出水
BOD$_5$	≤200 mg/L	≤10 mg/L
COD$_{Cr}$	≤500 mg/L	≤50 mg/L
SS	≤250 mg/L	≤10 mg/L
T-N	≤50mg/L	≤15 mg/L
T-P	≤6mg/L	≤0.5 mg/L
NH$_3$-N	≤40mg/L	≤8（15）mg/L
粪大肠杆菌群		≤10^3 个/L
pH	6～9	6～9

2017年从集团公司引入HACCP体系，按步骤分以下5个阶段实施运用至日常运营中。

（1）HACCP体系设计阶段

成立以董事长为组长，全员参与的水质安全小组（即HACCP小组）；绘制污水处理系统工艺流程图，依据流程图全员参与危害的分析，并从可能性、严重性、不可探测性三个维度打分，确定CCP点；针对CCP点，撰写HACCP计划表；并根据实际情况，不增加填写表格工作量的前提下，设置撰写CCP点监控表，并报HACCP小组审核，确定CCP点监控表；运营中试运行HACCP体系，如有意见，进行讨论反馈调整。

在设计阶段，开展危害分析，确定CCP点时，需关注下列问题：① 若可能性及严重性都有较高得分，尚缺少可探测设施，需进行技术改造革新。如某公司仅总出水口设置在线仪表且检测频次2h/次，但深度处理总停留时间为114min，如参考在线仪表数据，将滞后2～4h，不利于工艺运行的控制。故在二沉出水加装了T-P、NH$_3$-N在线仪，以实时对生化出水情况进行监测，根据DO在线仪监测数据，调整生化单元所需风量的大小，深度处理单元除磷药剂的投加量。② 进、出水在线仪运行中不可避免出现异常数据，运用测定试剂辅助检测，5～10min快速测定数据，以指导后续的工艺调整或仪表维护。③ 建议采购水分测定仪，定时对污泥含水率进行检测，并依据检测调整脱水设备的运行参数，减低含水率，减少污泥处置及药剂投加费用。

例如，某公司梳理出CCP共7点，用于污水处理厂的日常质控。其中CCP点1～5每2h记录一次；CCP点6每8h记录一次；CCP点7每出现异常记录一次；当触及CCP点极限值时，按照计划表作业。

CCP点1：进水瞬时水量≤10500m³/h；

CCP点2：总出水氨氮≤2mg/L；

CCP点3：二沉TP≤1.0mg/L；总出水TP≤0.2mg/L；

CCP点4：总出水TN≤11mg/L；

CCP点5：总出水余氯≥0.5mg/L，或ORP≥500mV；

CCP点6：污泥含水率≤79%；

CCP点7：其他异常情况描述：活性污泥膨胀、解体、上浮等；二沉池跑泥；进水常规指标超标。

（2）HACCP体系文件撰写阶段

撰写质量手册、文件和资料控制程序、记录管理程序、质量规范程序、过程控制程序、设备维护与维修管理程序、工艺变更控制程序、检验控制程序、仓储出入库控制程序、标识与可追溯性控制程序、关键限值确认程序、纠偏控制程序、验证控制程序、危害分析和判断指导程序、危害分析和预防措施程序、应急准备和响应程序、有毒有害物品的管理、废料废水及废油处理程序等系列文件，科学指导，有章可循。

（3）HACCP体系阶段性报备阶段

设计表格及文件报，投资公司审核，并根据审核意见，进行修改，调整。

（4）HACCP体系实施阶段

在污水处理厂的生产中，实施运用HACCP体系，按时间节点填写CCP点监控表；按计划表进行工艺控制（详见例1、例2）；每月对监控表进行分析汇总，形成CCP点月报分析表。

例1：2018年10月6号晚上21:00出水总磷在线数据超过日常质控限制，由采样人员前往留样，组长通过快速测定卡测定后确定数据准确，根据HACCP计划表作出调整，增加混凝剂投加量，减小进水水量。后续出水总磷上升趋势得到控制（见图2.1.12-2）。

图2.1.12-2　出水总磷控制

例2：采样人员两小时一次采样过程中发现进水有明显油层漂浮于水面，油脂味很浓，立即通知组长和班长，由运行班长根据HACCP计划表，开启水解池进水阀门减小生反池进水量，增加生反池曝气量，保证生反池溶氧控制在2～3mg/L，增开内回流外回流。加密采样观察进水变化，并做好留样，直至进水恢复正常（见图2.1.12-3）。

（a）进水有油

（b）生反池池面、二沉池池面、高沉池池面情况

图2.1.12-3　进水含有控制

（5）HACCP体系持续改进阶段

由于在污水处理厂的生产条件是变化的，需定期对HACCP体系进行审核调整，持续改进，发挥HACCP体系科学指导作用。

3. 借鉴意义

自2018年1月通过集团公司专家验收，实施HACCP体系以来，较实施前，年均出水TP下降23.7%，其他指标均有5%～10%的下降（见表2.1.12-2）。在上级排水及环保部门120余次的监督采样中，未有水质超标情况。年均电单耗下降2.5%，药剂总成本下降15.8%，节省用电成本35万余元，药剂成本115万余元（见表2.1.12-3、表2.1.12-4）。

2017 ～ 2018 年出水水质统计表
表 2.1.12-2

年度	项目				
	COD（mg/L）	TP（mg/L）	TN（mg/L）	NH3-N（mg/L）	SS（mg/L）
2017年	30.87	0.15	8.24	0.44	5.80
2018年	28.63	0.12	7.49	0.41	5.53

2017 ～ 2018 年单位电、药耗统计表
表 2.1.12-3

年度	电单耗（kWh/m³）	PAC单耗（ppm）	盐酸单耗（ppm）	氯酸钠单耗（ppm）	PAM单耗（ppm）
2017年	0.278	54.3	27.33	10.13	4.47
2018年	0.271	45.4	24.40	8.79	4.29

2017 ～ 2018 年处理水量、药剂用量统计表
表 2.1.12-4

项目	2017年	2018年
处理水量（万m³）	7069.3832	7243.7512
PAM用量（t）	58.59	47.78
PAC用量（t）	3838.20	3289.81
盐酸用量（t）	1931.87	1767.62
氯酸钠（t）	716.42	636.43

在污水处理厂日常运营中，通过引入实施HACCP体系，在任何时间段，出水指标始终保持在稳定可控的范围内。同时保证了药剂投加量、设备的投运量调整的及时性、科学性，避免浪费、减少了费用，完成了从"不让不合格水排放"到"不生产不合格水"的华丽转身。

2.2 配电系统

2.2.1 低压断路器失压线圈故障导致突然断电的案例分析

1. 事件描述

2018年5月25日下午16：00，运行人员高效沉淀池部分设备停止运行。维修人员现场查看后，发现高效沉淀池变配电中心的1号低压进线柜面板上无电源显示，对应负载

全部断电，其他配电柜无明显异常情况。现场该进线柜断路器无明显跳闸现象，复位按钮没有弹出，无论怎样操作都无法重合闸。此种情况于6月11日在另一面进线柜断路器发生。

2018年6月11日4：30，运行人员发现高效沉淀池所有设备停止运行。到现场查看，发现高效沉淀池变配电中心的2号低压进线柜面板上无电源，其他状况跟之前1号进线柜的异常情况一样。

两次突然断电导致高效沉淀池的所有设备停止运行，使得二沉池的出水暂时无法通过高效沉淀池到后续的工艺流程。为此，采取的应急措施如下：

（1）按流程上报单位领导并组织抢修。

（2）电气工程师和电工现场检查进线柜断路器，发现断路器无明显跳闸现象，复位按钮也未弹出，但无法重合闸。

（3）在第一次故障发生时，为了尽快恢复生产，暂时把1号进线断路器退出配电柜，合闸母联柜，由2号进线带起所有负荷，恢复高效沉淀池所有设备的运行。

（4）厂家技术员到场排查断路器故障跳闸原因，发现失压线圈损坏，需重新采购更换，暂时把失压线圈拆除。

（5）第二次故障发生时，由于之前1号进线柜断路器经检查失压线圈已损坏拆除，等待备件更换，由2号进线柜带着高效沉淀池所有负荷，此次故障导致高效沉淀池全部停产。为保证正常生产，先断开2号进线柜断路器，而后将1号进线断路器推进配电柜手动合闸，并合上母联开关，由1号进线柜供电带所有负荷，恢复高效沉淀池所有设备的运行。

（6）厂家技术员再次到场查看2号进线柜断路器，还是失压线圈损坏引起的跳闸断电，需重新购买备件更换。经过讨论决定，把2号进线柜的失压线圈拆除，这两路进线暂无失压保护功能，恢复两路进线分列运行的方式。

2. 原因分析

（1）经厂家技术员现场排查，确认是1号和2号进线柜的断路器的失压线圈的损坏，线圈所在的二次回路熔断器烧毁，导致断路器无法合闸（图2.2.1-1和图2.2.1-2）。

（2）由于该配电系统是在2018年4月底投入运行，在短时间内连续出现相同故障，说明是该断路器失压线圈的质量存在问题。

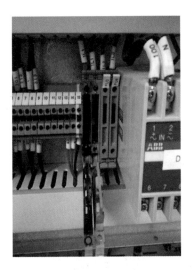 

图2.2.1-1 失压线圈所在二次回路熔断器烧毁　图2.2.1-2 断路器拆除失压线圈

3. 总结提高

（1）电气设备招标时，在低压交流框架式断路器的技术要求中，要求断路器控制单元应配置LSIG四段保护，即长延时保护、短延时保护、瞬时脱扣和接地保护时，应进一步明确要求断路器所配备的失压线圈等元件的性能和质量。同时，要求延长失压线圈的质保期，以及多提供几个备件，避免因失压线圈的质量问题导致突然断电，影响生产。

（2）对重要设备设施在设计阶段就要考虑双回路电源供电，在其中一路电源故障断电时，另外一路电源可以带起所有主要负荷。

（3）完善突然断电应急预案，定期进行应急演练，在遇见突发断电时能迅速判断原因，及时采取措施，恢复供电。

2.2.2 低压进线柜断路器出现零序电流案例分析

1. 事件描述

2016年9月7日，某厂电气工程师巡检时发现2号污泥脱水车间2号低压配电进线柜断路器的控制面板出现接地故障报警灯亮起，断路器未跳闸，面板显示电流$I_N=53A$，电流$I_g=103A$（图2.2.2-1）。在正常情况下，电流I_N和I_g的检测数值都为零。为此，采取以下应急措施：

（1）对照另一面进线柜的断路器控制面板，确认不是断路器自身所引起的报警，也不是断路器控制器误报。

（2）经过逐一关停负载排查，在断开其中一路外接电源抽屉柜后，面板显示电流 I_N 和 I_g 恢复正常为零，再一次重新合闸该抽屉柜，I_N 和 I_g 又检测到电流数值。初步判断这一路外接电源的电缆发生接地故障。

（3）为了保证其他设备的正常运行和人员安全，断开该抽屉柜电源，暂停使用。

图2.2.2-1　接地故障报警灯亮起、I_N 和 I_g 电流不为零

2. 原因分析

（1）确定进线柜断路器故障报警是由外接电源抽屉柜和其引出的电缆引起，检查抽屉柜开关无异常后，便对其电缆进行绝缘检测，该电缆的对地绝缘电阻值分别为：A相＝0.2MΩ，B相＝200MΩ，C相＝200MΩ，由此可判断该电缆有一相已接地。

（2）该电缆套管埋地铺设，沿路未发现明显的外力破坏现象，未能找到电缆接地故障点。

（3）专业技术施工队对该电缆进行检测，经过讨论后作出更换电缆的决定，重新更换电缆并通电后，进线柜断路器的接地报警灯和面板显示的接地电流都已恢复正常。

3. 总结提高

（1）低压配电间总进线柜的断路器除了有三段保护外，还需有接地故障保护。设定断路器通过发出警报信号或断开断路器实现接地故障保护。

（2）接地故障有两种检测方法，即电流的矢量和、外置式电流互感器直接测量接地故障电流。正常情况下，三相电流的矢量和为零，即 $I_N=0$；无接地故障电流，即 $I_g=0$。当人体触电或者其他漏电情况下，三相电流的矢量和不为零，且有接地故障电流，即 I_N 和 I_g 有数值，一旦达到设定值，则断路器会发出告警信号或保护动作跳闸。

（3）断路器的接地故障保护模块有不同的设定值，根据实际情况选择合适的设定值和延时时长，在某些特定情况，可以选择关闭接地故障保护。

（4）在日常巡检中，时常关注总进线柜断路器的显示面板相关信息，有异常时及时查找原因并处理。

2.2.3 单回路停断电导致滤池壅水溢流的应急处理

1. 事件描述

2018年5月，某污水处理厂因污泥干化项目投产导致耗电量激增。受此影响，该厂高压供电方式由原双回路（一用一备）改为两路高压同时使用，每条进线负责厂里一部分设备。

2018年9月某日，供电1号高压进线突发断电，造成厂内滤池壅水溢流（图2.2.3-1和图2.2.3-2）。

图2.2.3-1　厂区路面溢水　　　　　图2.2.3-2　滤池壅水

2. 原因分析及应对措施

（1）因高压1号进线柜断电导致其所辖的滤池空压机断电，所有出水阀关闭。但是接入2号高压进线柜的进水泵、二提泵等尚在运行状态。因此，水流在滤池中无法排出从而产生壅水及溢流。

（2）现场自控PLC子站取电来源于1号进线柜，断电后中控上位机无信号，无法迅速掌握进水泵、二提泵等关键设备的开停状态，直接影响对问题判断和采取何种应急处置措施。

（3）两条高压进线同时使用、每条进线负责厂里一部分设备的供电方式基本不会出现全厂停电的情况，既有全厂停电应急预案已经无法适用该新情况新问题。

期间采取以下应急措施：

1）按流程上报集团公司并组织抢修。

2）派人全力将滤池超越阀手动开启，并关停二次提升泵，减少进水泵开启台数。

3）通过上游减量和下游疏导两方面相结合的限制措施，约30min时间，水位下降至安全范围。

3. 总结提高

（1）原全厂停断电应急预案内容已无法满足新情况新要求，因此结合新情况编写有针对性的现场操作处置指引，作为原全厂停断电应急预案的补充（图2.2.3-3和图2.2.3-4）。

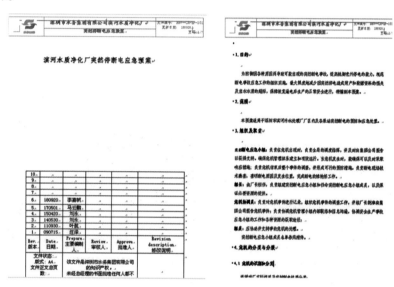

图2.2.3-3 停断电应急预案

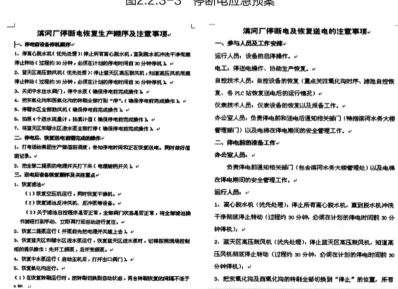

图2.2.3-4 停断电应对指引

（2）对滤池超越阀等要害设备进行技术改造，实现其双回路供电功能，确保遭遇类似情况时能够快速开启，疏导分流中段过水，防止满溢。

（3）对现场设备的取电来源重新梳理，防止一条线路断电时出现有信号的设备没电、有电的设备没信号的混乱问题。

（4）梳理每条供电线路上所辖的主要设备清单，遭遇单回路停断电应急处置时能够有的放矢。

2.3 机电设备

2.3.1 喷淋系统改造建议

1. 事件描述

每年1月份左右，生物处理系统会产生大量的生物泡沫，在生化池表面堆积（图2.3.1-1）。尽管不影响出水水质，但严重影响生化池表观，需要定期花费大量的人力、物力用水进行喷洒、打捞。

图2.3.1-1 喷淋前

2. 原因分析

（1）曝气池在运转时，表面活性剂对有机物的部分降解作用形成泡沫，并使泡沫迅速增长。

（2）在进水水质、水温、pH等因素影响下，丝状菌异常生长，加上曝气气泡产生的气浮作用，形成泡沫。

（3）冬季污泥浓度高，污泥停留时间长，曝气时间长，产生泡沫现象。

3. 总结提高

（1）经过反复讨论研究，最终利用中水回用泵房提升中水，设计一套生物泡沫喷淋系统。

（2）先以1号生化池作实验，在廊道间铺设管路，通过安装在管道上的喷头，对生物泡沫进行喷淋，消解生物泡沫。

（3）经过一段时间运行，池面泡沫明显减少，跟没有喷淋之前截然不同，生化池池面感观明显改变。事实证明此方法经济可行。

（4）根据1号生化池的改造经验，购买了一台37kW的管道离心泵，配以相应的管件，将2号、3号生化池也安装喷淋（图2.3.1-2）。

（5）经过一个冬春季节的考验，生化池池面未出现泡沫覆盖现象（图2.3.1-3）。

图2.3.1-2　喷淋时　　　　　　　　图2.3.1-3　喷淋后的效果

2.3.2　以节能降耗为前提制定风机改造方案

1. 综述

在排水项目中，用电成本是直接运营成本中最大的，其中风机能耗、提升能耗又在用电成本中占比最大。风机随着使用时间的延长，效率逐渐下降，致风机运行台数增加、能耗大幅增加、维护费用增加。

某污水公司一期鼓风机房于1997年投入使用，鼓风机房内配置4台唐山清源环保设备有限公司生产的多级低速离心风机（额定功率220kW，额定风量7500m³/h，出口压力68.6kPa，图2.3.2-1），截至2016年已使用20年，经历多次大保养及返厂维修。经测试风量已明显下降（实际风量为5000m³/h左右），效率下降供风量不足，能耗增加。

图2.3.2-1 原有多级低速离心机

2. 方法

通过考察、比选、招标，最终采用磁悬浮鼓风机（额定功率140kW，额定风量6000m³/h，出口压力75kPa，图2.3.2-2）替代原多级低速离心风机，2017年1月中旬开始安装调试，1月21日开始正式投入运行。经过1个月试运行，磁悬浮风机运行性能稳定（图2.3.2-3），设计出口压力大于实际工况需求，出风流量大于额定值，最大可至6800m³/h，风机各项性能指标满足生产需要。

图2.3.2-2 磁悬浮鼓风机

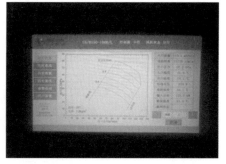

图2.3.2-3 新装鼓风机性能情况

3. 成果

综合统计2017年1月21日至2月20日与2016年同期相比较，水量、水质数据基本持平，扣除调水用电量后节电约10.6万度（见表2.3.2-1、图2.3.2-4）；同时根据实际运行工况对新老风机进行了2h最大负荷运行对比测试，利用电量表进行计量，运行数据见表2.3.2-2。

2016~2017 年同期运行数据对比   表 2.3.2-1

1月21日至2月20日	日均处理水量（万m³）	日均调水量（万m³）	日均用电量（万度）	日均COD（mg/L）	日均BOD（mg/L）	日均氨氮（mg/L）	日均TN（mg/L）
2016年	14.15	0.50	4.79	291	125	30.2	39.4
2017年	14.07	1.32	4.49	300	140	29.6	40.8

图2.3.2-4 同期水量、电量趋势图

新老风机对比测试   表 2.3.2-2

	测试时间（h）	运行电流（A）	运行电量（kWh/h）	运行风量（m³/h）	设计运行能耗（kWh/km³）	实际运行能耗（kWh/km³）
磁悬浮风机	2	219	141	6500	23	21.7
多级低速风机	2	348	219	7000	29	31.3

注：磁悬浮风机风量6500~6800m³/h，取最低值。多级低速风机无流量计，在对比测试时发现在相同工况条件下运行多级风机时DO上升较快，判断风量应大于磁悬浮风，同时机根据大修检测风量及实际出口压力低于设计出口压力等因素，取运行风量为7000m³/h。

根据表2.3.2-2统计数据分析，单台多级低速风机实际运行能耗为31.3kWh/km³，高于设计能耗（29kWh/km³），可判定多级低速风机运行效率已出现下降；单台磁悬浮风机实际运行能耗为21.7kWh/km³，优于设计运行能耗（23kWh/km³）。磁悬浮风机实际运行能耗较多级低速风机下降30.67%。

通过对现有设备进行效率评估，发现效率下降明显、能耗过高的设备，在满足生产需求的前提下，选择效率更高、更经济环保的设备来对原来设备进行重置更新，可降低综合运行成本。

2.3.3 关于效仿制作打捞工具的典型案例

1. 成果概述

2016年8月，惠州金山公司维修人员发现生化池固定搅拌器用钢丝绳断裂，无法正常吊起维修，公司聘请外部专业打捞公司进行打捞作业，但打捞费用较为昂贵，集团公司技术人员根据其打捞工作原理，效仿制作打捞工具。

自制打捞工具对于公司生产绩效的提升有着显著的效果：① 自制工具提高了维修效率；② 自制工具减少了维修费用；③ 利用自制打捞工具避免了人工下水作业的安全风险；④ 技术人员成功效仿制作打捞工具，提升了技术人员的职业自豪感，极大地提高了技术人员创新的积极性。

2. 具体方法

2016年8月24日，运行值班人员发现生化池B区B10号固定搅拌器漏水报警，维修人员立即决定对该搅拌器吊出维修，维修人员在吊搅拌器时发现固定搅拌器的钢丝绳断裂以致无法将其吊出维修。根据原钢丝绳断口可初步判断：由于钢丝绳及电缆松动，导致其被搅拌器叶片打断。

固定式搅拌器在厌缺氧池中主要使混合液分布均匀，防止污泥沉底，对除磷脱氮有着重要意义，因此为保证生化池正常运行，我司决定请外部专业人员对搅拌器进行打捞。

外部专业人员借助打捞工具使打捞工作进行得十分顺利，单次打捞费用高达8000元。为降低维修费用，集团公司技术人员决定效仿自制打捞工具。技术人员根据打捞工具的打捞原理，模仿专业打捞工具的形状，并根据集团公司固定搅拌器的尺寸，初步画出打捞工具的尺寸草图。同时考虑搅拌器的重量及其工作环境，集团公司选取8mm厚304不锈钢板作为其打捞工具原材料（图2.3.3-1），通过多次尝试，集团公司最终成功做出固定式搅拌器打捞工具（图2.3.3-2），该工具成本仅1500元。

自打捞工具完成后，集团公司共用其成功打捞搅拌器共三次，累计节省24000元，通过效仿并自制工具，为公司节省了大笔支出，同时提高了技术人员的成就感。

图2.3.3-1　打捞工具　　　　图2.3.3-2　打捞搅拌器

3. 借鉴意义

利用自制打捞工具进行打捞工作与传统蛙人下水打捞相比，操作更加简单，成本更加低廉，同时减少了蛙人下水时的安全风险。同时在生产维修过程中利用自制工具可以有效提升工作效率，减少开支，提高员工的创新能力。

2.3.4　污泥干化系统中转泵改造的典型案例

1. 成果概述

中转泵的作用是将浓缩后的剩余污泥（含水率小于97%）输送入调理池。中转泵采用的是螺杆泵。2017年10月正式投入使用，至2018年2月生产运行中经常出现振动，并伴有较大噪声，同时输送量也明显下降，对生产运行造成影响（见图2.3.4-1、图2.3.4-2）。而且定子、转子使用周期较短，配件昂贵，半年时间更换1套。2018年7月改造了1台中转泵，螺杆泵改为潜污泵（见图2.3.4-3、图2.3.4-4），中转池相应进行改造，出口与原有管路对接。2019年4月对另一台也进行了改造。

改造完成后效果显著：

（1）实际运行1年来，改造后的中转泵对污泥的输送没有影响，完全达到运行工艺要求。

（2）1台潜污泵输送量相当于2台螺杆泵的输送量，2台泵可灵活调配使用。

（3）维修费用低。原螺杆泵（耐驰）只更换1台易损的定子、转子需近3万元，而潜污泵1台整机4千多元。

 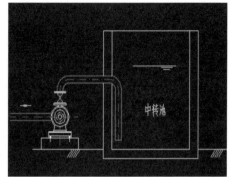

图2.3.4-1　改造前中转泵、池　　图2.3.4-2　改造前中转泵池剖面图

 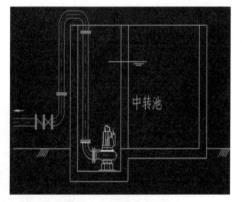

图2.3.4-3　改造后现场　　　　图2.3.4-4　改造后中转泵安装图

（4）节能降耗效果显著，运行费用低。原2台螺杆泵功率共11kW，改造后1台潜污泵只有3kW。电耗下降了73%。

（5）运行环境好，消除了振动、噪声。

（6）维修方便。

2. 具体方法

（1）原因分析。拆泵检查并未发现杂物，排除了由于杂物堵泵造成振动的因素。经研究分析，造成螺杆泵振动的原因是泵及进泥管安装不合理，人为增加了泵的吸程。另外浓缩后的污泥含固率高，吸入困难，加剧了泵的进料难度。使泵由于进料不足出现类似空腔运转，产生振动噪声。当泵定转子磨损，吸程减小后这一问题更加严重。

（2）确定改造方案。螺杆泵的工作原理使其存在：定子、转子易磨损，配件寿命短，价格贵，功率大，对外部安装条件要求多等缺点。潜污泵完全可以胜任输送含固率在3%～5%范围内的污泥，在污泥干化系统建设期，当时板框机已建好，浓缩车间在建的期间，采取了剩余污泥在储泥池内人工浓缩，用潜污泵架设临时管路输送至调理池。有过这样的实践经历。因此，经对多个维修和改造方案对比分析研究，最后确定将中转泵由螺杆泵改为潜污泵，中转池相应进行改造，污泵池内安装。

（3）实际实施。具体改造步骤：1）确定新泵型号参数。原螺杆泵参数：流量：25m³/h；压力：0.5MPa；功率：5.5kW。根据现场实际情况确定新潜污泵参数：流量：50m³/h；扬程：10m；功率：3kW。2）中转池改造。中转池中部向外扩一个400mm×1000mm积泥泵坑，泵坑底面 比中转池底面低300mm。3）潜污泵坑底安装，出口与原输泥管连接，管路安装止回阀及手动蝶阀。为方便维修提泵，管路设有可拆卸段。4）潜污泵与原螺杆泵自控运行系统对接。

3. 改造完善

2018年7月改造完成1台中转泵，实际运行观察半年后，对另一台螺杆中转泵于2019年4月按照同样的方案进行了改造（图2.3.4-5）。

图2.3.4-5 改造完善后现场

4. 借鉴意义

污水处理厂浓缩后污泥或其他污泥输送场合，在污泥浓度在一定范围内对污泥的传统输送方式，可作借鉴，由于有一定的共性，具有一定的推广价值。

2.3.5 进水提升泵运行优化及预先维修检测方案的典型案例

1. 成果概述

某污水处理厂为降低单耗和重要设备预先维修检测作了一些工作。该厂提标改造后，A区进水泵房1号、3号、4号潜水泵为140kW，2号、5号潜水泵为90kW，同功率潜水泵的实际运行数据也各不相同。为了优化运行模式，降低生产单耗，并对后续设备维修改造提供数据依据，我们对A区5台进水泵进行测试、分析。通过水泵数据测试基础工作，分析得出5号单耗最低，以下依次排序为2号、4号、1号、3号泵。经过约三个月的数据统计，优化运行前，A区进水提升单耗约为：43.9kWh/km³，优化运行后约为：41.6 kWh/km³，按照A区全年处理水量50000 km³，年节省电费约9.2万元，并为后续的设备预先维修、改造提供依据。

2. 具体方法

生产单耗高，原因较多，其中进水提升泵的效率是重要原因之一。经过数据测试、统计分析后，可优化运行方案，提供设备预先维修依据。具体方法分为以下两步：

（1）运行数据测试。通过水泵控制柜中的电能综合测试仪和流量计，对5台进水泵的实际监测数据进行数据测试，测试结果见图2.3.5-1、图2.3.5-2。

图2.3.5-1　电耗监测　　　　　　图2.3.5-2　水量监测

（2）统计分析，优化运行方案

1）泵坑水位对单耗的影响。对监测数据和水泵特性曲线（图2.3.5-3、图2.3.5-4）分析，随着泵坑水位的升高，水泵单耗逐渐下降。泵坑水位运行在高水位有助于降低进水提升单耗，泵坑水位升高提升水泵入口势能，减小水泵实际做功。从单台水泵分析，水泵单耗从低到高排序为5号、2号、4号、1号、3号潜水泵，应优先按上述顺序运行。

2）不同水泵组合的流量情况。不同水位下5号、2号泵单台水泵的流量约为2300～2700m³/h，4号泵的流量约为3600～4400 m³/h，1号、3号泵单台水泵的流量约为2450～3150 m³/h。

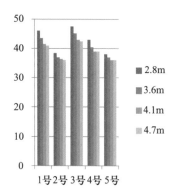

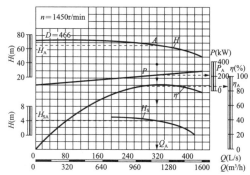

图2.3.5-3 不同液位下各水泵单耗表　　　图2.3.5-4 水泵性能曲线

3）优化运行方案表。依据上述两步的分析结果对进水泵提出优化运行方案，见表2.3.5-1。

优化后的水泵运行方案表　　　　　　表 2.3.5-1

水位（m）	水量（m³）	优先运行次序
低于2.8m（只开一台泵）	2000～2350	5号泵
	2000～2300	2号泵
	3300～3600	4号泵
水位2.8～4.7m（只开两台泵）	4500～5500	5号和2号泵
	5800～6900	5号和4号泵
	6000～7000	2号和4号泵
高于4.7m（只开两台泵）	>7000	5号和2号泵
	>7000	5号和4号泵
	>7000	2号和4号泵
高于4.7m	8000～9100	5号、2号和1号泵
	8000～9000	5号、2号和3号泵

（3）根据数据，提供水泵预先维修依据。在运行外部条件一样的情况下，3号泵和1号泵单耗超过4号泵较多，我们提出对3号泵、1号泵的叶轮或者泵壳内壁导流面可能受损，在不影响生产的情况下进行预先维修。

后期，该厂委托集团公司维修中心对3号进水泵进行了检查，并进行了叶轮更换等维修工作，维修后3号泵单耗下降到正常水平。

3. 借鉴意义

（1）污水处理厂、净水厂使用潜水泵和供水泵较多，并且是主要的生产耗电设备。经过长时间运行，相同型号的水泵因为叶轮磨损、泵壳内部导流面磨损、泵坑水位等因素，水泵运行效率会有不同。宜定期对水泵进行运行参数的测试，并根据测试出的数据进行水泵的优化运行，提高运行效率，降低单耗。

（2）根据水泵运行参数的测试结果，可以发现同型号设备运行参数差异是否较大，分析设备可能的损伤，为设备维修甚至是预先维修工作提供依据。

2.3.6 生物池剩余污泥泵改用干式泵改造

1. 成果概述

某污水处理厂生物池有6台潜污泵作为剩余污泥泵。由于放置剩余污泥泵的泵坑底部与地面水平落差达到8.3m，对于剩余污泥泵来说，匹配的导杆显得过于细长。在使用四五年后，陆续出现导轨变形、脱落情况，导致潜污泵无法吊起进行检修，对剩余污泥的排放造成了严重影响。将潜污泵改成干式泵后，排泥能力得到保证，而且大大方便了污泥泵的维修。

2. 具体方法

为解决问题，维修部门首先考虑修复导杆。但由于原来设置在泵坑底部的闸门密封老化后关闭不严，并且承受着7m左右的水压，导致闸门泄露量较大无法进行检修。

为此维修部门转变思路，选用干式安装的污泥泵来取代原有的潜水式污泥泵。干式泵安装在原有潜水式污泥泵的阀门井内（图2.3.6-1、图2.3.6-2），根据生产需要采用手动控制开停。利用原来的剩余污泥泵从坑底到地面出泥管支管作为干式泵的进泥管。然后，再把干式泵的出泥口通过管道连接到原来的主管上。采用干式泵的改造方案避免了污泥泵坑无法抽空进行施工的实际困难，改造方案得以顺利实施。

图2.3.6-1 改造前的潜水泵

图2.3.6-2 改造后的干式泵

3. 借鉴意义

对于这种无法减停产造成维修困难的潜水泵，都可以考虑用干式安装的方式来替代。

2.3.7 进水泵起吊装置改造

1. 成果概述

某污水处理厂有4台185kW的KSB进水泵，水泵重量约5t，原设计采用钢丝绳牵引方式吊装。由于水泵重量大，泵坑液位深，在吊装过程水泵容易发生摆动，会拉扯到钢丝绳。使用几年后，由于牵引绳索扯断或者脱落，导致水泵的吊装成为一个棘手的问题。通过自行设计的水泵吊装装置，成功解决这一难题。

2. 具体方法

改装主要包括两部分：一个是将泵的卡爪延伸（图2.3.7-1）；另一个是在泵的出口处焊接支架（图2.3.7-2），防止水泵左右摆动，从而有效地解决了水泵在吊装过程中的摆动问题。若采用焊接的方式，需对焊点进行防腐处理，以防止因长时间处于水下浸泡而出现的焊点松脱等问题发生。也可采用螺栓固定的方式固定支架。

图2.3.7-1　卡爪延伸　　　　　图2.3.7-2　泵支架

3. 借鉴意义

有些场合由于无法长时间停水配合加装导杆的改造。在这种情况下，对于使用钢丝绳吊装的水泵，通过吊装防摆动装置可以有效解决水泵的吊装问题。

2.3.8 永磁电机应用的案例

1. 事件描述

某污水处理厂脱水机系统储泥池有2台QJB2.2/8-320三相异步电机搅拌器，因原其使用的三相异步电机功率偏小（2.2kW）、搅拌效果不理想（图2.3.8-1）。2017年经过多方案论证，最后该厂将这台搅拌器更换成QJB2.5/8-400永磁电机搅拌器，功率2.5kW，其能达到原来同等类型4kW搅拌器的搅拌效果（图2.3.8-2），能满足生产要求。

 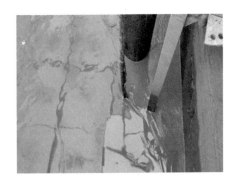

图2.3.8-1　三相异步电机搅拌器的搅拌效果　图2.3.8-2　永磁电机搅拌器的搅拌效果

搅拌效果的提升，能减少死泥、浮泥产生，能解决搅拌器电机故障率高的问题，对整改污泥脱水系统稳定、高效运行起到关键作用。

2. 原因分析

因原有的送电开关及电缆无改动空间，同时永磁电机功率因素高、效率高，在同等安装条件下永磁电机搅拌器的优势较为明显（表2.3.8-1）。

永磁电机与三相异步电机的性能差异　　　　　　　　　表2.3.8-1

名称	QJB2.2/8-320三相异步电机			QJB2.5/8-400永磁电机		
交流电压	U_A	U_B	U_C	U_A	U_B	U_C
	223.6V	223.6V	226.6V	223.1V	224V	226.4V
交流电流	IU	IV	IW	IU	IV	IW
	5.4A	5.3A	5.4A	2.9A	2.8A	2.8A
有功功率	φ1	φ2	φ3	φ1	φ2	φ3
	0.53kW	0.49kW	0.51kW	0.58kW	0.56kW	0.57kW
视在功率	φ1	φ2	φ3	φ1	φ2	φ3
	1.21kVA	1.19kVA	1.22kVA	0.64kVA	0.62kVA	0.65kVA
无功功率	φ1	φ2	φ3	φ1	φ2	φ3
	1.09	1.08	1.1	0.28	0.28	0.28

续表

名称	QJB2.2/8-320三相异步电机			QJB2.5/8-400永磁电机		
功率因数	φ1	φ2	φ3	φ1	φ2	φ3
	0.436	0.423	0.416	0.9	0.9	0.9

3. 总结提高

（1）近年永磁同步电机得到较快发展，其中异步起动永磁同步电机的性能优越、技术成熟，是一种很有应用前景的节能电机，其特点是功率因素高、效率高，在许多场合开始逐步取代最常用的交流异步电机。

（2）在污水处理厂的常用设备里，潜水搅拌器通常由于电机极数多造成设备功率因数低、运行电流大等不利于配电系统稳定运行的因素，采用永磁电机的搅拌器可以有效改善这方面的短板。

（3）由于使用永磁电机的设备用较小的电机功率可以就能达到较大功率普通异步电机的运行效果，在某些旧设备改造中还可以避免更换供电电缆和送电开关的投入。

（4）表2.3.8-1是某水质净化厂运行永磁电机与三相异步电机搅拌器时的实测参数。永磁电机与三相异步电机相比，电机效率和功率因数得到明显提升，在后续的使用中能取得良好的节能效果。

2.3.9 外回流泵接地故障案例分析

1. 事件描述

某污水处理厂生物池24台外回流泵（属轴流泵）经常出现接地故障现象，导致停机无法正常使用，经起吊检查属于电缆磨破皮导致的故障。虽然经过前两次整改（移除电缆出线密封盖整改和三根电缆分别紧固悬挂整改），但电缆磨破皮的问题依旧存在，频率没有减少。

2. 原因分析

通过外回流泵基本安装图（图2.3.9-1），可以看到外回流泵通过井筒下放到底部基座，电缆和起吊链分别拉到上端系在横梁上。问题出现的原因如下：

（1）外回流泵的电缆分为两根动力电缆和一根信号电缆，这样就造成三根电缆和一条起吊链在泵运行时，由于水力的作用，来回晃动纠缠，附着了大量絮状物（图2.3.9-2），长期会造成下端接线盒电缆拔出，导致里面进水（图2.3.9-3）以及电缆a

处与井筒摩擦造成电缆磨损（图2.3.9-4）。

（2）由于三根电缆分别经由护套悬挂在横梁上，导致了b处护套之间的互相磨损，结果同样会导致b处电缆破损（图2.3.9-4）。

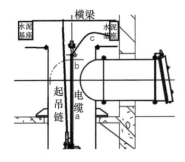

图2.3.9-1　外回流泵基本安装图

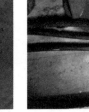

图2.3.9-2　起吊链上大量附着物

图2.3.9-3　接线盒电缆拔出，导致里面进水　　图2.3.9-4　电缆破损

（3）由于之前经验不足，从井筒拉上来的电缆经过c处时没有提起来，而是把电缆落在井筒外檐c点，这样就导致电缆晃动时和c处摩擦，也造成了大量设备的电缆在此处磨损破皮。

（4）起吊链经由花篮螺栓挂在横梁上，由于电缆和链条纠缠在一起摆动导致金属疲劳，花篮螺栓下端钩子断裂，导致有两台设备的起吊链跌落井筒，需由人工捞上来（图2.3.9-5）。

采取的措施如下：

1）针对电缆之间纠缠悬挂絮状物以及电缆摩擦井筒、护套间相互摩擦、电缆摩擦井筒外檐问题，采取的措施是把三根电缆一起用铜线每隔20cm绑扎，一直绑到护套上端（图2.3.9-6），所有电缆和链条用花篮螺栓收紧，避免晃动和互相摩擦，再把护套上端多余的电缆拉起悬挂在横梁上（图2.3.9-7、图2.3.9-8红色标记处），避免其与井筒外檐接触。再往上多余的电缆则挂在墙壁挂钩处，挂稳挂牢。

图2.3.9-5　起吊链跌落井筒　　　　　图2.3.9-6　电缆绑扎情况

图2.3.9-7　多余电缆收紧　　　　　图2.3.9-8　多余电缆收紧

2）针对电缆磨破皮磨穿的问题，采取用重新剪接电线，先缠绕电工防水胶布再涂抹环氧树脂形成铠装（图2.3.9-9），晾干后直接使用，不再在外面做任何保护（此处维修小组讨论过先套热缩管，再涂抹环氧树脂的方法，首先此方法需要整条电缆穿墙抽出加大工作量；而且边整改边观察，至此未发生一例重新接驳处的电缆进水，所以经验丰富的师傅以手工缠绕防水胶布的方法一直沿用至今。铠装形成后不再在外面做保护是由于环氧树脂成型后形状不可控，外面缠绕胶布或热缩管都不能形成很好的密封）。

3）针对花篮螺栓钩子断裂，导致起吊链掉落问题，采取的措施是把多余的链条绕在横梁上，再用U形扣锁死，这样就确保了即使花篮螺栓出现故障链条也不会掉落（图2.3.9-10）。

3. 总结提高

自2017年9月份开始整改外回流泵，截至2018年5月28号，再无一台出现过电缆故障的问题，减少外回流泵的故障频率，保证该环节的正常生产。

图2.3.9-9　涂抹环氧树脂　　　　图2.3.9-10　U形扣锁紧情况

外回流泵自安装起就一直存在电缆磨损问题，借鉴了其他厂的经验和厂家指导意见，仍无法解决该厂设备的问题。最后确定一条方案：确保外回流泵电缆从泵头引出来后绝不接触井筒任意一点，杜绝任何一点的摩擦。这次也同步大胆实施了另外两套方案，看哪种方案能够经受住时间的考验，在实践中摸索经验，最后这种难点问题最终会得到解决。

技术人员在工作中经常会发现一些由于未注重细节问题而造成的设备故障现象，譬如在设备安装或检修完毕之后，未检查螺丝是否紧固达标、链条以及电缆的悬挂是否合规，由于此种小细节失误而造成的设备故障实在有点得不偿失。另外对待这种反复出现的小而难于解决的问题，一定要多向同行学习、向厂家咨询，借鉴别人成功的经验，或者因地制宜大胆尝试新做法，集思广益试验新思路。只要肯动脑、肯实践，方法总比问题多。

2.3.10　空气调节阀检修致使高压鼓风机异常启动案例分析

1. 事件描述

2018年4月11日凌晨，维修人员拟定计划拆卸3号生物池西侧空气调节阀进行检修。在确认关闭西侧总进水及相关设备后，关闭高压鼓风机往3号、4号线生物池鼓风管道的2号总气阀。在关闭该总气阀后，高压鼓风机的其他备用风机突然全部开启，致使风量骤增（图2.3.10-1），影响1号、2号线的正常曝气。

2. 原因分析

在发现备用高压鼓风机异常启动后，运行人员立即赶往现场，将异常启动的设备关停并将其打至手动，确保不会再次异常启动，保证正在运行的生物池曝气量的正常。

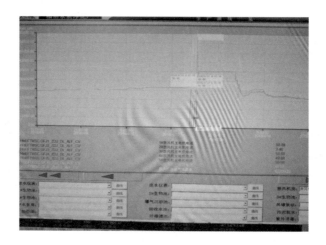

图2.3.10-1 备用风机骤然启动后风量骤增

在稳定情况后，经过维修人员实地检查和分析后，确定为2号总风管压力计（对应3号、4号线生物池鼓风管道）在关停后，自控程序在接受其数据时判定为其风压不足，继而不停增加风量，导致备用高压鼓风机一起异常启动。

3. 总结提高

（1）自控程序的容错率和保护措施有待提高，关闭阀门后，设备不应因程序控制而异常启动，导致设备处于全部开启的异常工况，应在设备中加入防止多台启动的异常工况。

（2）在实施维修改造计划前需要考虑周全，方方面面的细节都不能落下，要预先考虑关停压力计前阀门后可能会产生的各种情况，提前做好应急方案，如将设备提前切换至当地运行防止异常启停。

2.3.11 暴雨后垃圾堵塞格栅系统处理

1. 事件描述

2018年5月8日暴雨过后，某污水处理厂中控上位机提示细格栅间1号压榨机故障报警。运行人员到现场后发现1号压榨机堵转，故障报警无法复位。运行人员立即联系设备部及生产技术部负责人，并下发维修工单。

技术人员到现场后，发现该压榨机内部垃圾结块，导致整个螺旋卡死无法转动。同时，多台格栅排渣槽内堆积大量的垃圾（图2.3.11-1），需立即停机抢修。生产技术部及设备部在紧急协商后，立刻制定并实施了以下抢修方案：

（1）停用1号压榨机对应的1号、2号孔板格栅，并关闭其进出水闸门，防止设备继续拦截更多的栅渣；

（2）拆开1号压榨机的套筒和螺旋，清除堵塞的垃圾（图2.3.11-2）；

（3）清理完毕后，将1号压榨机重新组装并恢复运行；

（4）保持压榨机连续运行后，开始清理堆积在1号、2号格栅排渣槽内的垃圾（图2.3.11-3）；

（a）压榨机螺旋堵塞情况　　　　（b）排渣槽堵塞情况　　　　（c）格栅内部堵塞情况

图2.3.11-1　压榨机及格栅溜渣槽堵塞情况

图2.3.11-2　清理压榨机　　　　　图2.3.11-3　清理格栅排渣槽

（5）排渣槽内的垃圾清理完毕后，重新开启格栅的进出水闸门，恢复1号、2号格栅的正常运行；

（6）按同样的方法处理其他堵塞的格栅及压榨机。

2. 原因分析

暴雨过后，大量垃圾进入细格栅系统，被孔板格栅拦截进入压榨机。由于压榨机没有调整为连续运转模式，无法处理突然增多的垃圾，导致设备堵转。1号压榨机堵转故障停机后，由于对应的1号、2号细格栅仍在运行，拦截的垃圾持续进入排渣槽，造成排渣槽垃圾大量堆积。

3. 总结提高

（1）关注天气预报，在暴雨及台风天气情况下，来水含垃圾量通常会大量增加，需提前将格栅系统（含压榨机）调整为连续运行模式；

（2）加强运行人员的巡检意识，注意观察细格栅系统的运行情况，及时冲洗排渣槽内堆积的垃圾；

（3）加强员工对设备故障应急处理的培训，及时处理设备故障，避免影响扩大；

（4）考虑改造压榨机入口排渣槽。在确保压榨机处理能力足够的前提下，将相邻两台压榨机的排渣槽联通，并加装隔挡装置。若有一台压榨机出现故障，可暂时利用隔挡装置，将渣水引入正常运行的压榨机中。该方案能为故障压榨机提供良好的维修条件，并且无需停用对应的格栅机，最大限度减少压榨机故障对生产的影响；

（5）建议设计初期，在细格栅系统前增设一套8mm栅距的中格栅。当来水垃圾量较大时，中格栅能缓解细格栅系统的运行压力。

2.3.12 精细格栅过水不畅的处理

1. 事件描述

2018年夏天，某污水处理厂的精细格栅开始出现过水不畅现象（图2.3.12-1、图2.3.12-2），格栅长时间保持较高液位运行，上位机多次出现"精细格栅液位差高"报警（图2.3.12-3）。经检查，发现精细格栅栅板的背水面形成一层"生物膜"，堵塞栅板孔洞，导致过水不畅。

图2.3.12-1 过水不畅1　　图2.3.12-2 过水顺畅2　　图2.3.12-3 高液位报警

因为首次使用该类型格栅，无应对经验。事件出现后，厂内技术人员一直在摸索解决方法。在关闭格栅进出水闸门的前提下，对格栅栅板进行了多次试验。

第一批试验，用高压水枪冲洗栅板能冲透"生物膜"，但仅能短时间恢复格栅过水能力；第二批试验，用草酸溶液喷淋栅板上的"生物膜"，再用高压水枪冲洗，彻底清洗栅板（图2.3.12-4、图2.3.12-5），但过水效果仅能坚持1个星期；第三批试验，用次氯酸钠溶液喷淋栅板，让"生物膜"与溶液充分反应，再用高压水枪冲洗，彻底清洗栅板（图2.3.12-6、图2.3.12-7），过水效果可保持1个月。

图2.3.12-4　药剂喷淋栅板　　　　图2.3.12-5　草酸喷淋后高压冲洗栅板

图2.3.12-6　次氯酸钠与生物膜充分反应　　图2.3.12-7　次氯酸钠喷淋后高压冲洗效果

找到方法后，相关人员定期对12台精细格栅进行清洗。栅板经过酸洗后能够恢复较好的过水能力。

2. 原因分析

南方气温高，进水水质复杂，污水中生物活性较高。同时精细格栅栅孔仅有1mm，相关细菌易繁殖形成"生物膜"而覆盖栅孔，导致格栅过水不畅。

3. 总结提高

（1）制定精细格栅酸洗工作计划，定期用药剂和高压水枪清洗栅板，能较好抑制

"生物膜"的形成，保证设备过水；

（2）加强工艺及设备巡检，若来水水质发生变化，需及时关注精细格栅运行情况；

（3）加强运行人员对精细格栅过水不畅问题应急处理的培训，提高员工的应急处理能力；

（4）建议在后续同类型的改造项目中，结合南方进水的温度和特性，充分评估精细格栅前预处理单元的设计选型，并考虑增设自动加药清洗装置。

2.3.13　储气罐增加自动排水及低压保护功能

1. 事件描述

2017年某日，运行人员在给空压机的空气储罐排水时，发现排水量比平时大很多。如果气水进入阀门控制系统，将影响阀门的正常开关，而公共反洗阀门是一个非常重要的气动阀，若在反洗期间出故障阀门未能及时关闭有可能会引起水淹管廊的事故，因此储气罐系统非常重要，为此增加了储气罐自动排水装置以及低压保护装置。

2. 原因分析

关键设备的储气罐靠人工手动排水的方式可靠性低，存在人员疏忽情况或湿热天气时，刚排完水没多久又有水积聚的情况，当压力低时若未及时发现，将对设备运行造成很大影响，解决办法如下：

（1）增加储气罐自动排水功能。虽然空压机出口已装有水过滤器，但仍然需要定期手动给气罐排水，因为水气会影响气动阀的开关，为了提高可靠性，给气罐增加了自动排水功能（图2.3.13-1、图2.3.13-2）。

首先将排水管切开，在原手动阀门后面增加一个自动电子排水阀，再接入220V电压。自动电子排水阀有两个调节旋钮，一个用来调节排水时长，调节范围为0.5~10s；另一个是用来调节排水间隔周期，调节范围为0.5~45min。排水周期、时长的设置经验：排水周期过长容易有水积存影响气动阀门运行，排水周期过短则排水阀过于频繁启闭容易损坏且容易造成储罐压力波动，所以需要设置最佳排水周期及时长。首先按压"测试按钮"手动将水排空，然后可将间隔时间周期调到30min，排水时长调为5s，观察排水口情况，假设按该排水间隔周期及排水时长储气罐的积水仍不能排空，则将排水间隔时间缩短，排水时长延长，直至找到最佳的排水周期及排水时长。

（2）增设储气罐低压保护功能。滤池公共反洗阀为气动阀，空气储罐压力过低阀门将无法启闭，有可能导致反冲洗废水池冒水，在原程序中也有储气罐压力检测保护，程序检测到压力过低时将自动关闭，但若程序故障或通信系统断电等该功能就会失效，为此增设了机械式低压保护装置（图2.3.13-3）。将原压力表拆除，增加电接点压力表，将低压力下限触点与反洗阀的开关联接（图2.3.13-4），当压力低于设定值便会自动关闭排水，在低压程序保护的同时也具备机械式低压保护的功能，增加其安全性。

图2.3.13-1　自动电子排水阀　　　图2.3.13-2　自动排水系统

图2.3.13-3　增加的压力表　　　图2.3.13-4　压力与排水关联

3. 总结提高

（1）关键气动设备的压力储罐可以考虑新增机械保护式排水阀，增加系统可靠性。

（2）电接点压力表除了可以用在对气压范围的控制，还可用于水压、油压等方面的压力控制和保护。

2.4 自控仪表

2.4.1 细格栅与液位联动的精确控制

1. 事件描述

某厂近年来处理水量逐年上升，如遇台风天，进水流量会陡增，对细格栅工艺段造成巨大冲击，进而出现廊道冒水和淹没设备的情况。该问题暴露出细格栅在配套管网和控制策略方面存在的诸多问题，一是控制模式单一，可靠性低（图2.4.1-1）；二是人工操作频繁；三是运行台数与实际液位难匹配；四是启停频繁，故障率高。

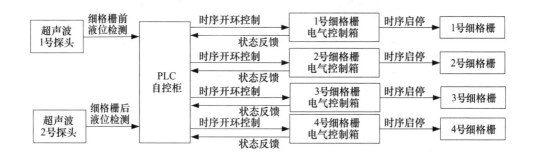

图2.4.1-1 优化改造前细格栅控制流程示意图

2. 原因分析

通过查阅土建图纸资料，预处理细格栅前的过水廊道有效深度仅有2m，受限于原有"人工＋计时"的半自动模糊控制方式，每当遇到下雨导致进水流量突然增大时，就会出现反应不及时或运行台数不足的情况，进而出现廊道冒水和淹没超声波液位计的情况。

通过全面分析产生问题的具体原因，保持现有设备资源不变的情况下，微调硬件结构，充分发挥可编程序控制器（PLC）的强大的数值比较和逻辑运算能力，组织开发并调试完成了细格栅与液位联动的精确控制程序（图2.4.1-2），从而实现细格栅的长期稳定运行。

经过一段时间的运行和观察，每台细格栅的启停次数由改造前的180次/d

（图2.4.1-3）减少至改造后的3次/d（图2.4.1-4），下降率为98.33%，大幅提高了设备的运行稳定性；细格栅过水廊道的液位高度也没有再出现超过设计深度2m的情况，因此细格栅工艺段的过水和抗冲击能力也确实得到了显著提升。

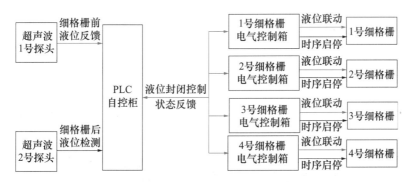

图2.4.1-2　优化改造后细格栅控制流程示意图

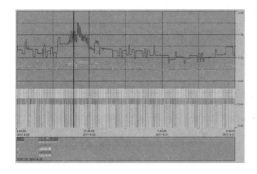

图2.4.1-3　优化前启停记录与液位趋势图　　图2.4.1-4　优化后启停记录与液位趋势图

3. 总结提高

从设备供应商处询价得知，由其所提供的与细格栅配套的"1拖2"液差控制系统的市场报价将超过18万元。如果该厂刨去自主设计制造和安装调试电气控制箱的3万多元必要费用，该厂实现的"1拖4"液位控制系统相当于直接节省了33万元的设备投入成本。通过厂内现有资源的有效整合和利用，减少设备种类和数量的同时，有助于理清设备之间的联接关系，最终也达到了节约设备投入和维护成本的改造效果。

在水处理的过程中，设备的可靠性十分重要。但若要将众多独立而分散的设备有效地组织起来，就必须依赖于可靠而精准的自动控制方案。一套适用于实际场合的自动控制算法，不但可以提高厂区的生产效率，还可以弥补土建结构或设备选型等方面的失误，甚至可以达到现场无人值守的全自动化运行状态。在建设智慧型现代化生产厂的趋势下，自动控制的作用也将愈加重要。

2.4.2 巴氏计量槽安装位置过低导致明渠流量计无法正常测量流量

1. 事件描述

某水质净化厂外回流泵型号为SULZER-ABS AFLX0601，额定功率22kW，额定频率50Hz，设定流量为1042m³/h，扬程4.5m，污泥回流量通过巴氏槽和明渠流量计进行计量。

巴氏槽由进口段、喉道和出口段组成（图2.4.2-1），明渠流量计主要通过测量巴氏槽液位来进行流量计量。由于原巴氏槽安装位置过低，明渠流量计无法准确测量（明渠流量计在开一台外回流泵和不开泵的情况下，测量的数据都是700m³/h左右）。

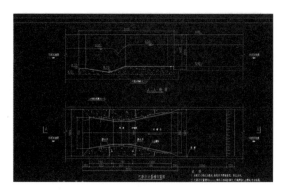

图2.4.2-1 巴氏计量槽设计图1

2. 原因分析

根据图纸分析，造成计量不准确的原因是原巴氏槽安装位置过低，导致停泵后槽底部积水严重影响实际测量。为解决该问题，需将巴氏计量槽底部抬高60cm，将停泵后的积水排空，再进行参数测试。

2018年1月，在3号生物池东面巴氏计量槽底部上方60cm处安装固定一个同样的巴氏槽底，并将底部密封固定（图2.4.2-2）。

图2.4.2-2 巴氏计量槽现场施工图

改造后3号生物池东面巴氏计量槽在未开泵的情况下仅有2～3cm水位，满足正常测量要求，安装在渠道喉道处的明渠流量计离槽底部1.36m。进行明渠流量计的零点液位及渠道高度参数重新设置，其测试数据如下（表2.4.2-1～表2.4.2-3、图2.4.2-3），满足实际需求：

3号生物池东外回流泵及明渠流量计测试数据表1

表 2.4.2-1

外回流泵运行台数（50Hz）	明渠流量计流量（m³/h）	污泥泵坑液位（m）	巴氏槽喉道液位高度（cm）	巴氏槽尾部出水落差（m）
0	0	7.1	0.02	
1（303）	970	6.83	0.34	落差都在15cm左右
2（302、303）	1910	6.2	0.55	
3	2900	5.6	0.73	

3号生物池东外回流泵及明渠流量计测试数据表2

表 2.4.2-2

开泵台数	编号 频率（Hz）	30	35	40	45	50
	303	520	630	800	900	970
1	302	470	530	600	750	860
	301	485	550	620	747	845
	303、301	940	1200	1410	1630	1870
2	303、302	900	1140	1400	1660	1850
	301、302	840	1040	1250	1480	1700
3		1240	1560	2080	2550	2950（溢出）

外回流泵出厂额定频率流量

表 2.4.2-3

台数 频率（Hz）	30	35	40	45	50
1	625	729	834	938	1042
2	1250	1458	1668	1876	2084
3	1875	2187	2502	2814	3126

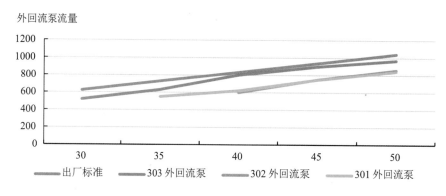

外回流泵流量

出厂标准 ——— 303 外回流泵 ——— 302 外回流泵 ——— 301 外回流泵

图2.4.2-3 外回流泵流量测试曲线对比

3. 总结提高

（1）巴氏槽改造后开不同数量的外回流泵时，明渠流量计数据已有明显的变化。厂家现场测试查看后，认为巴氏计量槽改造后已达到测量要求，具体的流量数值只需调校仪表即可。

（2）遇到类似情况，可着从实际分析中查找原因。如有条件，可通过测试数据进行分析。

2.4.3　智能照明设计方案

1. 成果概述

某污水处理厂生化池照明灯系统复杂，在实际使用过程中存在电灯数量多、节能效果不好、开关操作不方便等问题。为此，该厂充分发挥厂内年轻员工的技术水平和动手能力，将照明系统的手动控制升级改造为手机远程控制，升级改造后该厂的工作效率大幅度提升同时节约用电。

（1）提高效率，改造后工作人员不用再去现场开关灯，只要在中控室手机点击即可。

（2）节约用电，改造后可以随时开关灯，并可以定点定位开灯，不需要照明的地方可以关闭。

（3）学习新知识，提高对物联网的认知水平，而且可以激发更多新的想法，为未来更多的物联网改造提供基础。

2. 具体方法

（1）设计方案。加装智能模块控制，优化线路，利用WiFi装置通过手机网络实现稳定控制，并采取主账户统一管理，分账户使用的安全管理机制。

（2）布置方案。以一条生产线的生物池和二沉池为布置方案分析。生物池每列灯柱分左右两边，每一边又分为奇数线路和偶数线路所以共22路灯，每一路11盏灯，经过计算后，红色为奇数路，白色为偶数路，需6个模块即可达到最佳工况（图2.4.3-1）；二沉池每列灯柱分为左边线路和右边线路，共11路，每路12盏灯，需安装3个模块即可（图2.4.3-2）。汇总情况具体见表2.4.3-1：

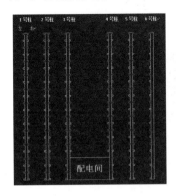

图2.4.3-1　生物池布置图　　　　图2.4.3-2　二沉池布置图

单条生产线布置汇总　　　　　　　　表 2.4.3-1

生物池				二沉池			
模块编号	控制线路位置	线路数	灯数量	模块编号	控制线路位置	线路数	灯数量
A	1号柱左边奇数路，2号柱左边奇数路，3号柱左边奇数和偶数路	4路	44盏	A	1号柱左边线路，2号柱左边线路，3号柱左边线路，4号柱左边线路	4路	48盏
B	1号柱右边偶数路，2号柱右边偶数路，3号柱右边偶数和奇数路	4路	44盏	B	1号柱右边线路，2号柱右边线路，3号柱右边线路，6号柱左边线路	4路	48盏
C	1号柱左边偶数和右边奇数路，2号柱左边偶数和右边奇数路	4路	44盏	C	4号柱左边线路，5号柱左边线路和右边线路	3路	36盏
D	4号柱左边奇数路，5号柱左边奇数路，5号柱左边偶数和右边奇数	4路	44盏	共3个模块，共11路，共132盏			
E	5号柱左边偶数和右边奇数路，6号柱左边偶数路和左边奇数路	4路	44盏				
F	4号右边偶数路，5号右边偶数路	2路	22盏				
共6个模块，共22路，242盏灯							

（3）安装介绍。照明电箱中线路共有33路，以模块最佳工况进行运行，所需9个模块，每个模块将连接约3~4条照明线路。所有模块安装完后，手机连接上WiFi再将模块送电开启，每个模块都有单独的序列号密码，将模块连接成功后既可以实施控制照明线路的开关功能（图2.4.3-3）。

图2.4.3-3　现场安装情况

（4）安装手机智能模块。安装完成后将原本的手动开关打开，在将智能模块与手机APP进行连接即可控制（图2.4.3-4）。

（5）使用操作。在线路模块线路安装完成后，安装人员通过APP使用手机号码注册账号，并使用APP连接上智能模块。运行人员注册登录APP后，主账号安装人员通过APP发送权限，分享给运行人员控制权（图2.4.3-5），无需重复连接，便可操作（图2.4.3-6）。

图2.4.3-4　添加模块连接APP界面　　图2.4.3-5　分享权限界面

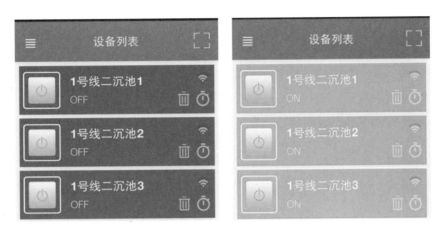

图2.4.3-6　手机端界面开启前后的对比

（6）完成后效果。改造后达到节能、便捷的效果（图2.4.3-7）。每天节省电费，运行人员和维修人员只需要在手机上操作APP既可以控制，十分便捷，减少了工作量。

图2.4.3-7　改造前后现场照明效果

3. 借鉴意义

（1）对于繁杂简单的操作，可化繁为简，从中节省人力物力。

（2）对于远程控制的前瞻，改操作模式以后可向其他方向发展，比如厂内的设备等。

（3）从节约环保方面入手，不仅提高工作效率，也节约用电。

（4）加强工作熟练度，积累项目工作经验，提高工作的能力。

2.5 污泥处理及其他

2.5.1 生物池应急储泥以应对污泥外运受限

1. 事件及问题描述

因污泥外运长期不畅，导致某污水处理厂生物池浓度居高不下，二沉池频繁跑泥（见图2.5.1-1），不仅对出水水质造成影响，也导致该厂日处理水量仅为设计处理能力的50%，严重制约该厂的处理能力，外管网存在溢流风险。为解决这一困境，该厂决定利用生物池储泥的方式来应急处理。

图2.5.1-1 二沉池出流情况

2. 原因分析及应对措施

该厂共有4组生物池，利用其中一组储泥后，产能可恢复到设计75%。利用一组生物池储泥的步骤如下（见图2.5.1-2）：

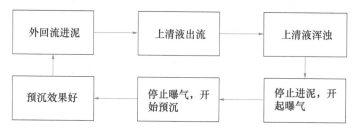

图2.5.1-2 储泥操作流程示意图

（1）现场将一组生物池进水闸，内回流闸，曝气风阀及潜水搅拌器逐个关闭。

（2）观察该组生物池的沉降情况，待上清液高度约1m后，匹配外回流泵开启台数及风机开启台数并开始进泥。

（3）上清液浑浊后停止进泥。为防止曝气头堵塞，开启少量曝气，每次曝气时长约8h。

（4）次日关停曝气，开始预沉。待生物池沉降良好后，重复上述操作。

当该组生物池污泥浓度达19000mg/L后，已达到最大储泥浓度。转而进入闷曝阶段，使污泥在池内进行内源消化，实现自我减量（见图2.5.1-3）。

污泥外运情况有所好转后，该厂着手恢复该生物池，实现处理产能提高（见图2.5.1-4）。恢复生产的操作流程大致如下：

1）尽快降低池内污泥浓度。安装潜水泵将厌氧污泥抽至匀质池后脱水。同时开启少量该组生物池进水及曝气，将少量老化污泥混合其余三个生物池出水后携出。

2）当污泥浓度达到预定值后，生物池恢复正常进水量，同时恢复相应设备。

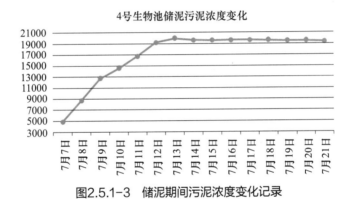

图2.5.1-3　储泥期间污泥浓度变化记录

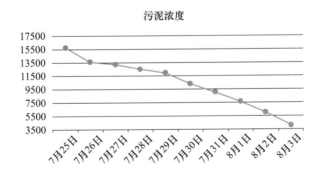

图2.5.1-4　恢复期间污泥浓度变化记录

3. 总结提高

（1）根据实测，一组生物池污泥浓度最高可以达到19000mg/L，贮泥污泥总量可达2375t（80%含水率），此外通过内源消化污泥减量作用，在污泥外运处置停滞情况下可以解决约15～20d的污泥增殖量，保证正常生产和水质达标。

（2）贮泥过程中需密切关注出水水质，运行人员需严格按照操作规程紧密配合，按时上报贮泥情况。化验人员需每天定时定点取样加测污泥浓度，为进泥时长调整提供数据支撑。

2.5.2 板框污泥含水率的测定

1. 成果概述

某污水处理厂污泥脱水处理工艺为板框压滤，运行的初期污泥理论处理量与实际处理量数据出入较大。应用此方法后，虽然不能确保每次的检测都能如实反映当天的含水率均值，但是放宽时间段，从每个月的统计来看，基本吻合实际生产泥量，并且数据波动较之前稳定很多（见图2.5.2-1）。

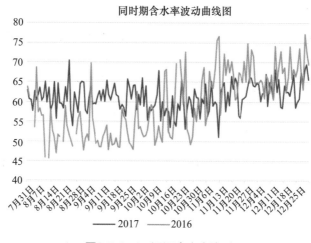

图2.5.2-1 污泥含水率比对

2. 具体方法

经过现场反复观察与采样测定，发现板框工艺每批次或者同一批次不同时间段出泥含水率都有较大差别，一天内泥饼含水率差值可达14%。因此，该厂针对问题改进测试方法以及积累数据分析，制定了一个适合厂内应用的含水率测定方法。

（1）采集样品：从泥饼卸出卸料口时开始计时，从不同批次运行的N台板框机中分别于60s使用钳子取1块厚度适中的泥饼（每班组当天首次采样时留1块泥饼于卸料口旁作为参考样），将采集到的N块泥样混装与密封袋内密封好，带回实验室依据《城市污水处理厂淤泥检验方法》CJ/T 221—2005检测方法测定（见图2.5.2-2）。

（a）采样点

（b）计时器

图2.5.2-2 采集样品

（2）仪器和玻璃器皿：水浴锅、烘箱、瓷蒸发皿（100mL）、研磨机、分析天平（感量：0.0001g）

（3）分析步骤：将采集到的N个泥饼分别分解成均匀的若干小碎块，在每一块泥饼中随机挑选出3块泥块，再将3N的小碎块投入到研磨机中研磨至粉状。用已恒重mL的蒸发皿称取20g左右粉状的泥样记为m，该样品准确称量至0.0001g。先将盛放样品的蒸发皿置于水浴锅上蒸干，然后直接放入103～105℃的烘箱内干燥2h，取出放入干燥器中冷却至室温，称重，反复多次，直至恒重记为m_2（见图2.5.2-3）。

（a）采集到的泥饼

（b）将泥饼掰碎混匀

（c）研磨后的粉状泥样

图2.5.2-3 分析步骤

（4）计算，对比数据（见表2.5.2-1）。其中污泥中的含水率W的数值，以%表示，按下式计算：

$$W=m-（m_2-m_1）/m×100\%$$

式中　m——称取污泥样品质量的数值，g；

m_1——恒重空蒸发皿质量的数值，g；

m_2——恒重后蒸发皿加恒重后污泥样品质量的数值，g。

比对期间部分数据   表2.5.2-1

日　期	污泥含水率	
	早上8点样品（%）	不固定时间样品（%）
10月20日	52.0	69.6（15:00）
10月25日	69.7	72.6（11:00）
11月17日	67.2	70.7（12:00）
12月13日	64.9	74.2（20:00）
12月15日	68.8	74.1（18:00）
12月16日	68.2	72.9（17:00）
12月29日	62.9	77.3（22:00）
12月30日	70.7	73.1（1:00）
1月3日	72.7	73.6（10:00）
1月4日	62.9	73.2（20:00）
1月5日	63.1	70.8（1:00）
1月9日	65.3	75.7（16:00）
1月11日	65.4	66.0（20:00）
1月13日	60.4	60.1（16:00）
1月17日	60.0	58.1（15:00）
1月19日	55.0	69.1（11:00） 68.9（16:00）
1月23日	53.9	62.4（22:00）
2月1日	55.8	64.5（22:00）
2月8日	61.4	61.7（21:00）
2月11日	53.4	62.5（12:00）
2月12日	56.8	61.0（16:00）
2月15日	56.3	68.1（22:00）
2月16日	60.7	72.1（23:40）
2月17日	50.7	64.4（1:05）

3. 借鉴意义

使用上述方法后，板框污泥及采样测定更加规范严谨，同时污泥含水率误差控制在与实际产泥情况相符合的范围内，争议数据及复检频次较使用该方法前减少，工作效率得到提升。板框压滤机生产的泥饼含水率受工艺、工况影响较大，下一步将继续优化前端调理及采样条件，进而得到更完善的测定方法。

2.5.3 健全水质监控、完善设备仪表、逐步实现少人值守

1. 成果概述

2017年11月～2018年6月，集团公司从健全水质管控、完善设备仪表保障和提高运行人员技能等方面创造条件，并自2018年7月开始逐步调减运行当班人员，实现少人值守和生产稳定运行，为最终实现无人值守目标打下了良好的基础。

少人值守工作方式实现后对于公司生产绩效的提升有着显著的效果：水质得到有效监控；设备保障能力得到提高；值班人员数量减半，节省了人力资源；余出的人员调整为行政班，主要进行业务技能的提升从而提升公司的整体业务水平，如现场更深入的学习各项设备的操作使用、参与技术部门的各项工作等。

2. 具体方法

（1）加强全流程水质管控。出水水质达标排放是污水厂的首要任务。基于此，集团公司加强全流程水质管控，分别在进水口、生化池出水、二沉池出水、出水口等主要工艺段安装有风险指标监测仪表，且在中控设置内控标准超标报警，监测仪表主要用于水质提前预警，便于提前应对处理，保证出水水质达标（见表2.5.3-1，图2.5.3-1～图2.5.3-4）。

各工艺段内控报警值　　　　　　　　　　　　　　　　　表 2.5.3-1

工艺段	仪表名称	内控报警值	限值
进水口	COD在线监测仪	320	320
	氨氮在线监测仪	30	30
	pH在线监测仪	6.6	6～9
	总磷在线监测仪	5	5
	总氮在线监测仪	35	35
生化池出水	总磷在线监测仪	2	2
二沉池出水	总磷在线监测仪	0.55	0.55
	氨氮在线监测仪	1.2	1.2

续表

工艺段	仪表名称	内控报警值	限值
出水口	COD在线监测仪	30	40
	氨氮在线监测仪	1.2	2
	pH在线监测仪	6.4～7.8	6～9
	总磷在线监测仪	0.3	0.4
	总氮在线监测仪	12	15

图2.5.3-1　进水口在线监测仪表

图2.5.3-2　生化池出水在线监测仪表

图2.5.3-3　二沉池出水在线监测仪表

图2.5.3-4　出水口在线监测仪表

（2）完善自控系统。根据运行值班需求，不断完善自控系统。主要有增加部分设备报警信息提示，如搅拌机类全年常开设备增加停机报警信息等；增加水质仪表数据报警提示信息，如DO、MLSS、ORP上下限报警等；增加部分设备运行停止曲线记录，如格栅、砂水分离器、刮砂机等间隔运行设备等；增加部分设备信号等（见图2.5.3-5）。其中，对于达到少人值守需求，厂内所有设备或仪表设置所需报警提示尤为重要。对现场主要设备安装高清球机监控，方便值班人员在中控室更直观地查看现场（见图2.5.3-6）。

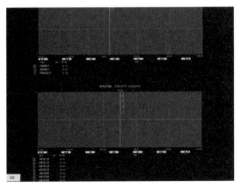 

图2.5.3-5　增加设备运行曲线记录　　　图2.5.3-6　设备高清球机监控

（3）保障设备、仪表正常运行。对于现场所有设备、仪表管理需严格按照维保条例进行，以保证设备、仪表低故障率，如按维护计划对设备进行保养、定期对仪表进行校准维护等（见图2.5.3-7、图2.5.3-8）。对于故障率高的设备、仪表采取更换或改造的措施。

图2.5.3-7　定期对设备进行保养　　　图2.5.3-8　定期对仪表进行校准维护

对于中控报警信息提示的稳定可靠，其主要在于现场设备的电气线路及电气元件的可靠。所以，现场设备的电气控制元件需定期测试或试验。

对于重要设备现场应有备用，方便故障时开启。对于非重要设备晚班出现故障可留待白班解决。对于已故障设备，机修班组应尽快修复。

（4）调整值班模式。公司原运行值班为2人每班组，在各方条件都符合的条件下先试行白班组1人值班，晚班保持不变。试行期间无异常后调整如下：调减运行当班人员数量，由原先的2人值班班组，调减为1人值班班组。晚班当班人员只需进行交接班时现场巡查，共计两次，时间分别为19：00与7：00。值班模式调整后由原来8人值班班组减少为5人值班班组，另外3人改为行政班进行业务学习，并协助技术设备部工作。

（5）后期计划。集团公司后期计划继续优化各类生产设备、增加移动端数据和报警信息查看功能、逐步减少白班运行人员巡查频次、循序渐进的达到运行无人值守目标。

3. 借鉴意义

上述工作对减少运行值班人员数量，节省人力资源可作借鉴。对于保障稳定生产亦适用。该工作同时可为实现智慧水务，建立专家智能控制系统打下坚实基础。

2.5.4 量化考核和激励措施在维修班组管理上的运用

1. 成果综述

集团公司运营管理的某污水处理厂设计规模20万 m^3/d，是国控污染源和市属重点排污单位之一。全厂关键设备共180多台，加上其他设备总数300台以上。截至2018年，该厂运行已近8个年头，生产设备进入了一个大修大保的周期和故障频发的高峰期，维修业务内协外委的工作明显增多。该厂维修班通过科学合理的设定工作计划和有效的激励制度，班组成员团结协作、认真落实各项工作部署，在圆满完成日常设备巡检任务的同时，全年共计完成了47项大修技改项目和60余项关键设备的计划性保养工作，班组工作成效突出。同时班组内工作氛围良好，员工干劲十足，为该厂稳定运行和出水持续达标奠定了坚实的基础。

2. 具体方法

（1）科学安排工作计划。该厂根据工作需要，共制定了46项2018年上半年重点维修工作计划，其中台账盘点2项、关键设备计划性保养26项和大修技改18项。为了有效落实以上工作计划，维修班组根据每位组员的技能水平和工作经验情况，为每项工作任务设置"项目负责人"，同时还在工作任务分配上引用工时管理的方法（见图2.5.4-1），一方面可以定量评估每项任务的工作强度，同时还可以根据员工技能和工作熟练程度合理分配每位参与员工的工时长，确保投入人员的总工时数可以完成工作任务，也有助于并引导员工提高自身工作技能。此外，如果工作任务所需工时严重超出可安排投入的人员工时则采取劳务派遣外委方式完成工作任务。

（2）强化执行

班组成员充分发挥主观能动性，使得计划性日常巡检、检修、计划性保养、技改、预防性大中修工作有条不紊地开展，并且出色地完成各项自主维修任务，为设备的稳定的运行、出水达标提供了强有力的保障。在枯燥和繁重的工作环境中，维修班组每一个维修人员发扬实干加巧干的精神，坚持"全覆盖、零容忍"和"细节决定成败"的态度，较好完成生产一线的保障工作，充分展示了队伍的工匠精神。

某水质净化厂上半年重点工作安排和完成情况

类别	序号	工作内容	主导人	所需人员	所需工时
维修技改	1	吊检4-6#提升泵，中修6#一次提升泵（绝缘电阻值20MΩ）（完成吊检、正在中修6#提升泵）	A员工	3	144
	2	1#生物池曝气管道清洗及改造（3月21日完成）	B员工	4（外委3人）	112
	3	大修7#飞力外回流泵	A员工	2	24
	4	1#生物池推流器检查（3月16日完成）	A员工	2	32
	5	安装并恢复3#脱水机主电机（3月9日完成）	C员工	2	16
	6	更换提升泵、脱水机、罗茨风机等重点大功率设备接线铜鼻子（3月22日完成）	C员工	2	48
	7	检修粗格栅格栅、保养粗格栅油泵	D员工	3	120
	8	检修细格栅、更换4#动耙，校准3#格条（正在实施）	A员工	3	120
	9	更换3#沉池DN300阀门	B员工	3（外委2人）	24
	10	检修并保养曝气沉砂池、滤池罗茨风机（设备物资部采购配件中）	C员工	2	112
	11	中修1、2、3#鼓风机进出风口导叶、执行器，维修4#出风口执行器，更换油品	C员工	4	448
	12	吊检二次提升泵，中修4#、5#二次提升泵	A员工	3	264
	13	保养紫外系统，更换2#紫外灯管	C员工	4	160
	14	2#生物池曝气管道清洗及改造	B员工	4（外委3人）	120
	15	2、3、4#生物池推流器检查	D员工	3	192
	17	二沉池全面检查、保养（正在实施）	D员工	2	
	18	1#上清液泵中修、防腐（正在实施）	A员工	2	
巡检保养，基础建设	1	日常巡检		1	160
	2	变压器清灰（已完成）	C员工	2	32
	3	脱水机保养（完成一次脱水机前后轴承保养、进药系统全面清洗、3#进泥系统拆解检查）		3	36
	4	电气系统清灰保养（已完成）	C员工	2	48
	5	设备清灰保养（完成鼓风机、滤池设备间卫生打扫）	E员工	2	80
	6	调价工作准备及调度	F员工	1	92
	7	固定资产、废旧物资盘点（完成固定资产梳理和仓库物资盘点）	F员工	1	144
	8	完善设备台账	F员工	1	44
总计					2572

制表人：班组负责人　　　　　　　　　　　　　　　　审核：部门负责人

图2.5.4-1　某水质净化厂上半年重点工作安排和完成情况

从3月12日启动重点工作计划至当月月底，短短十几天的时间内，维修班组完成了23项重点工作（包括维修技改8项、巡检保养和基础建设4项、临时安排工作11项）。

3月～6月期间，上洋维修班圆满地完成了既定计划的46项重点工作（台账盘点2项、巡检保养26项、维修技改18项等）。

（3）注重评估

对阶段性专项重点项目的重要性进行评估打分：维修班、运行班、厂级领导对专项工作内容的重要性进行评分（满分3分），再根据比例分配评选出综合分值（维修班占比60%、运行班占比10%、厂级领导占比30%）。以此分值作为项目主导人的奖励比例基础分。其余配合人按照实际参与工时数换算比例基础分。

（4）适当激励

通过上述评估结果，根据个人所得分值进行小额现金激励奖励：资金来源为该厂参加2017年集团公司评比的"创新成果""增收节支""案例分析"获奖项目的奖励资金。

奖励资金组成：基础奖励（30%）＋主导人所得奖金（总额40%）＋配合人所得奖金（总额30%）。

3. 借鉴意义

（1）通过设定科学合理的工作计划和有效的员工激励措施，以绩效、目标、问题为导向，不断提高员工执行力，让工作有序落实，进一步夯实设备基础。

（2）每半年或根据丰水季节前的准备、丰水季节、丰水季节后的检查制定科学合理的专项重点工作计划和重要性排序，对每项工作设置"项目负责人"并科学分配配合人和每日总工时。根据工作计划，跟踪专项工作的进度，针对不足，及时做调整。

（3）建立评估机制和资金分配组成方案，对专项重点项目的重要性进行评估打分，根据个人所得分值进行小额现金激励，树立良性的"多劳多得、爱岗奉献"的工作氛围，以此提高班组成员的工作积极性和执行力。

第3章 管网运营篇

3.1 黑臭水体治理

3.1.1 "厂网一体化"管理模式的典型案例

1. 成果概述

光明区以"引入优质社会资本、创新公共管理模式、探索排水新型技术、提高城市治理水平"为原则，借助海绵城市试点建设契机，提出将30万m³/d处理能力的光明污水处理厂和配套排水管网采取"厂网一体化"的方式打包，并采取PPP模式运作，以在短期内实现茅洲河流域的水污染治理目标。

随着光明区污水管网系统日渐完善，雨污分流工程基本完工，光明污水处理厂进水水量、水质都得到了一定程度的提升（见图3.1.1-1～图3.1.1-4）。2018年进水水量同比增加27%，其中2016年因合流总口截污，有大量河水、雨水进入污水系统；BOD进水浓度同比增加78%，氨氮进水浓度同比增加45%。光明污水处理厂补水规模由15万m³/d提升至30万m³/d，并向茅洲河干流中游、公明排洪渠、上下村排洪渠、新陂头河、楼村水、木墩河、东坑水实施补水工程，实现生态补水，河道水质得到明显提升，周边水环境得到大幅度改善。

2. 具体方法

（1）污水处理厂提标改扩建。按照地表水准Ⅳ类出水标准，对光明污水处理厂进行提标拓能改造，新增处理能力15万m³/d，提标规模15万m³/d（见图3.1.1-5）。

（2）排水管网全面普查。公司成立初期，开展辖区内排水管网普查工作。普查工作中共摸查雨污水管网总长度587.10km，检查井14863座。查出排水管网错接混接有

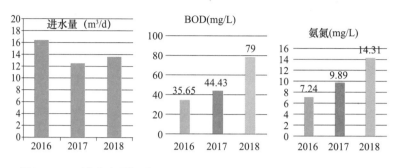

图3.1.1-1 进水水量提升　　　　图3.1.1-2 进水水质提升

图3.1.1-3 茅洲河治理前

图3.1.1-4 茅洲河治理后

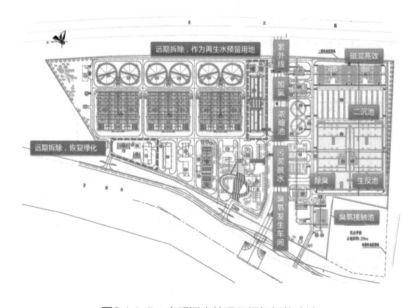

图3.1.1-5 光明污水处理厂提标拓能改造

554处，排水管道水位过高356处。通过梳理片区排水管网问题并建立问题清单，为下一步管网建设及综合整治提供依据。

（3）实施管网建设工程。2017年起辖区范围内陆续实施雨污分流、正本清源等工程，完善雨污管网系统（见图3.1.1-6、图3.1.1-7）。为进一步提高排水管网雨污分流率，集团公司新建市政管网总长约138.45km，完成工业区地块正本清源376个、新建工业区管网长度约347km。

图3.1.1-6 管网建设前

图3.1.1-7 管网建设后

（4）排水管网运营网格化管理。结合光明区流域特点、行政区划及运维经验，以片区设施量、服务面积、投诉率为依据，将管辖范围进行科学划分网格，明确一线运营人员的工作和责任，实行网格化管理、片区责任制。排水管理实行网格化，加强水务管养水平。综合考虑，将光明区划分为20个网格（见图3.1.1-8），以雨污分流为运营目标，将面源管控、错接乱排、溯源排查、排水许可核查与宣传等纳入管养内容，从"源、网、厂、河"各个节点保证排水设施顺畅运行，实现辖区内污水全收集、全处理，排水管网全覆盖。

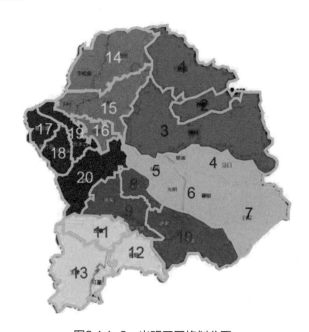

图3.1.1-8 光明区网格划分图

（5）厂网合理调度。光明污水处理厂服务范围内污水主要来自市政污水管网与茅洲河沿河截污箱涵（见图3.1.1-9）。通过合理控制市政管网与截污箱涵进水比例，可有效解决市政管网污水外冒、截污箱涵污水入河等问题；通过管网运行情况排查，分析光明厂进水水质、水量问题；通过水厂进水水质、水量异常情况，分析判断管网问题。

3. 借鉴意义

"厂网一体化"模式能有效解决厂网不匹配、运行调度低效、规模效益难以实现等问题，更加保障排水设施建设质量，更好发挥厂网系统协调运行的高效性和合理性，进而实现运营和规模效益的最大化。该模式具有良好的可复制性，可供其他水司借鉴。

图3.1.1-9 光明污水处理厂污水系统布置图

3.1.2 大沙河流域黑臭水体治理取得成效

1. 成果概述

大沙河作为南山的"母亲河"纵贯南山全境，全长13.7km，流域面积共92.99km²，沿岸设有127个排水口，现有16个城中村。近年来，由于沿岸排水户环境保护意识薄弱，错接乱排等违法行为时常发生，大沙河水环境问题日益突出。

为改善大沙河水环境，大沙河东西两岸建有两条沿河截污箱涵，并在下游河口设置大沙河截污泵站及截污闸板，截污箱涵通过截污泵站（设计流量5m³/d）抽排后可进入白石路排海干渠。这一重要举措在旱季发挥了重要作用，但仍然存在以下问题：

（1）旱季渠内蓄满污水且存在漏排现象，加之部分沿河排放口与截污箱涵连接处为敞口式，故存在臭气外溢风险。

（2）由于大沙河截污箱涵上游未实施雨污分流，在雨季大量雨水、山水进入截污箱涵。但大沙河截污泵站提升能力有限（仅7万m³/d），导致上游雨水箱涵内蓄有混流雨污水；若雨势大须开闸泄洪，污水流入大沙河及深圳湾，导致河湾水质恶化，周围居民大量投诉。

针对上述问题，南山分公司经充分论证，确定了"尽量减少污水进入截污箱涵，让山水、雨水直接排入大沙河"的基本治理思路。同时积极制定大沙河流域治理方案，并按计划主要推进以下工作：

（1）渠（支流）及箱涵溯源整改；

（2）配合推进城中村整治工作；

（3）对截污箱涵及暗接管道进行改造；

（4）加强雨季泵站、管网、水库的联动。

2018年大沙河流域渠（支流）及箱涵溯源整改取得初步成效：

（1）2018年9月，大沙河生态长廊2km示范段建成开放，因河畅水清、岸绿景美，被称作深圳的"塞纳河"（见图3.1.2-1）。

（2）溯源排查16处污染源并已整改完成。

（3）完成珠光桥箱涵、老虎岩河、田寮仔一河、田寮仔二河、白石洲排洪等5条支渠整治工作。

图3.1.2-1 大沙河流域部分景观图

2. 具体方法

（1）根据大沙河流域现状，确定大沙河治理基本思路：尽量减少污水进入截污箱涵，让山水、雨水直接排入大沙河。例如，图3.1.2-2为大沙河流域某截污箱涵限流板改造前后对比图，通过此措施可实现雨季限流约278万m³水量，减少外水入侵；图3.1.2-3为某检查井增加一定高度的围堰，以防止汛期河水倒灌进入截污箱涵。

（2）配合推进城中村整治工作。南山区政府已将大沙河流域内12个城中村纳入综合整治范畴，南山分公司按照"低截高排，上游外水分流"的原则，从前期方案设计、审图、施工等环节严格把关，并监督实施进度和效果，加强技术支持。图3.1.2-4为南山区城中村综合治理勘察验收现场，发现隔油池存在大量油渣、污水井井壁破损、未做流槽等问题。

图3.1.2-2 大沙河流域某截污箱涵限流板改造前后

图3.1.2-3 大沙河流域某检查口增加围堰

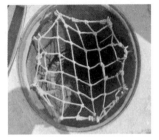

图3.1.2-4 城中村综合治理现场勘查验收

（3）渠（支流）及箱涵溯源整改。对大沙河流域15条渠（支流）及大型雨水箱涵情况进行污染源溯源及整治（见图3.1.2-5）。

（4）对深南路闸板、白石路闸板处截污箱涵进行下沉式改造，同时研究截污箱涵与雨水管渠剥离方案。待上游治理完成后，雨水直接排进大沙河。

图3.1.2-5　大沙河某排放口溯源工作现场

（5）拟在大沙河截污箱涵笃学路位置处新建一体化临时泵站和过河管，并在笃学路下游截污箱涵处加设围堰，通过一体化泵站将笃学路上游污水抽排进入东北线，以减少大量污水进入截污箱涵，最终进入下游水体。

（6）由于高新南九道、高新南十道、高新南十一道流域内污水管网水位过高，无法实施点截污，拟于雨水箱涵内新建污水管，收集片区污染后接入大沙河截污箱涵，同时加装50cm×50cm不锈钢闸板以应对突发情况。

（7）暗接管道治理。首先进行污染源排查工作，待上游污染源整治完成后，在进入大沙河截污箱涵前高位溢流使雨水直接进河，同时在截污箱涵前加设50cm×50cm不锈钢闸板应对突发事件。

（8）加强雨季泵站、管网、水库的联动，合理调度截污干管、截污泵站及水库补水的运行工况，以最大限度降低水体污染物的浓度（含初雨）。

3. 借鉴意义

大沙河流域治理采用点、面结合的形式，既落实了城中村排水的源头控制，同时也加强了流域内雨污水的过程监管与分流。这将最大限度地实现雨污分流，减少污水排放进入自然水体。

3.1.3 采用箱涵内截污，南海玫瑰园箱涵流域治理成效显著

1. 成果概述

由于历史原因，南海玫瑰园、海斯比船厂箱涵流域内排水户雨污混接问题严重，其中南水村、渔二村等城中村面源污染造成排放口周边海域水体黑臭问题，是市民投诉的热点。

2016年，集团公司启动第一阶段整治工作，采取箱涵末端设闸截污方式，在污水入海前将其拦截，通过一体化泵站将混流污水全部提升至污水处理系统内，这有效解决了旱季污水外溢问题，但汛期开闸泄洪期间，附近深圳湾海域水体黑臭问题仍存在，周围居民投诉不断。

2018年1月，南山分公司组织人员结合已有渠内检查成果，进行第二阶段精细化整治工作。分公司精确定位污染源，在集团范围内首次采用箱涵内、外截污相结合的模式，充分发挥截污管和截污井的作用，收集污水并引至望海路市政污水系统，最终实现了南水村、公园南路沿线10处污染源箱涵内清污分流。这一重要举措，有效解决了汛期开闸泄洪所引发的水体问题，同时也大大减少了进入污水管渠外水的雨水。

2018年5月，中央环保督察组进驻深圳，南山分公司配合走访玫瑰园二期住户代表，介绍整治工作情况，并邀请住户代表现场对整治后的箱涵水质进行检验，住户代表对分公司的整治工作表示认可。

历经3个多月，通过箱涵内截污方式完成玫瑰园、海斯比箱涵流域整治工作，取得了以下成效：

（1）管渠内污水被清除，恢复原有行洪功能，从6月6日起每次强降雨期间，开闸泄洪后未发生投诉。

（2）清污分流后雨季开闸泄洪，实现雨季外水减量约1万m^3/d。

（3）南海玫瑰园、海斯比船厂箱涵流域治理工作得到了市区两级领导的高度认可，并获得南山区水务局（原环境保护和水务局）的表扬。

2. 具体方法

2018年1月开展污染源核查工作，实施清污分流工程。

（1）现场管线排查，精准定位污染源。

对南海玫瑰园箱涵内及沿线接入管，实施全程人工核查，精确定位13个污染源，尤其南水村、渔二村、雷岭村、围仔西村等城中村雨污混流严重。

（2）内外截污并用，实现清污分流

对箱涵流域三个具备条件的混流点进行箱涵外截污，对南水步行街80余米DN300瓶颈段采用非开挖修复。由于南水村沿线、公园南路沿线10处污染点处路面为箱涵顶，无法实施外截污。经反复研究比对后，决定采用箱涵内截污（见图3.1.3-1），结合防海水倒灌水位、旱季与雨季支管水量变化等因素，设置截污管和截污井，收集污水并引至望海路市政污水系统，实现箱涵内雨污分流（见图3.1.3-2）。

3. 借鉴意义

南海玫瑰园、海斯比船厂箱涵流域治理创新地采用了箱涵内截污模式，属集团公司首例。与传统的总口截污模式相比，该模式充分体现了过程控制的重要理念，大大减轻了污水处理系统的运行负荷，从而保障污水处理效率。

该措施既实现了外水减量最大化，同时通过箱涵内雨污分流等手段解决汛期开闸水体黑臭的环境问题，具有一定的借鉴意义。

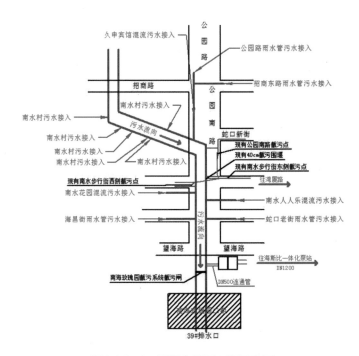

图3.1.3-1　箱涵内截污工程示意图

图3.1.3-2　箱涵内截污效果图

3.1.4　新洲河沿河截污干管溢流污染整治

1. 事件描述

为贯彻落实深圳河治水提质攻坚战相关要求，做实做细水污染防治措施，进一步推进深圳河口国考断面水质达到地表V类水，2018年9月底，某分公司针对新洲河沿河截污干管溢流污染问题组织开展了专项整治工作（见图3.1.4-1）。

新洲河沿河截污干管沿新洲河西侧敷设，北起北环大道新洲路路口、南至新洲河河口，管径1500～2000mm，全长6100m，沿线埋深8～12m，主要负责汇集输送新洲河流域雨水管渠中的旱季混流污水及初期雨水。新洲河沿线排水口共计66个，存在混流污水的排水口51个，均已采取点截污措施将上游混流污水截流至新洲河沿河截污干管。其中，有18个排水口的混流污水量较大，导致新洲河沿河截污干管高水位运行，其下游管段平均水位在4.0m以上。旱季时，由于截污干管高水位运行，混流污水极易由截污干管倒流至雨水系统并排放入河；雨季时，由于大量旱季混流污水挤占了截污干管的调蓄空间，导致初期雨水无法得到有效收集而直排入河。上述两种情形均会严重污染新洲河水质，进而不利于下游深圳河水质长期稳定达标。

图3.1.4-1　新洲河沿河截污干管溢流污染专项整治工作掠影

　　针对上述问题，该分公司积极组织内部技术骨干和集团借调人员以削减入河污染物为目的，以管道全面检查和清疏为手段，对新洲河流域雨水管渠中的混流污水进行溯源和整治。经过3个多月的全面普查与整治，分公司累计投入人员2144人次、536组次，采取了清污分流、溢流截污封堵、管道渗漏修复、管道淤积清疏、接户管混流整改等措施22项，最终实现了新洲河流域混流污水减量29000m³/d，其下游新洲河截污泵站的抽排量也相应减少。减量后，新洲河沿河截污干管下游管段，其平均水位由4.0m降低至1.0m以下（见图3.1.4-2、图3.1.4-3），大大缓解了管道运行压力，减少了溢流污染风险。同时，使得新洲河化学需氧量（COD）浓度由平均40mg/L降低至15mg/L，氨氮（NH₃-N）浓度由平均15mg/L基本稳定至2.0mg/L以下（见图3.1.4-4）。

　　2. 原因分析

　　新洲河沿河截污干管高水位运行主要是由于上游雨水管渠内存在大量混流污水所导致。经现场调查分析和测算，上述混流污水主要包括：

　　（1）8号口红荔路莲花山公园山水接入截污干管，约7000m³/d；

　　（2）43号口福保街道办d500污水管破损，导致污水外渗约3000m³/d；

　　（3）13号口福中三路d800污水管等存在淤堵2处，导致污水溢流约10000m³/d；

　　（4）11号口景田路景田南路、32号口新洲十一街新洲南路等高位溢流可封堵和截污不当4处，高峰期溢流约9000m³/d；

　　（5）接户管混流污染10余处等。

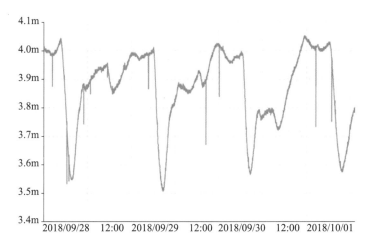

图3.1.4-2　整治前水位

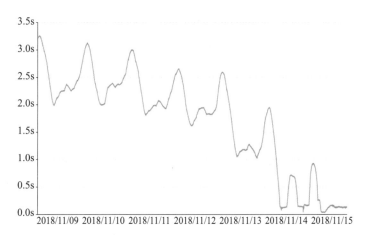

图3.1.4-3　整治后水位

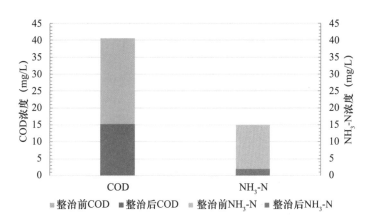

图3.1.4-4　新洲河整治前后化学需氧量和氨氮浓度对比图

3. 总结提高

为保障深圳河水质长期稳定达标，应坚持推进雨污分流工作：

（1）源头上应保证用户接户管无错接乱排；

（2）市政污水管道应保持低水位运行，减少污水高水位并通过雨污连通点倒流；

（3）市政污水管道应保证管道结构完好，减少污水渗漏；

（4）市政雨水管渠应保证精准截污，将截污点向上游推进，减少雨水管渠内部沿线污染；

（5）市政排水管渠应加强计划清疏，保证管渠运行通畅。

（6）市政排水管渠应尽可能保证清污分流，让清水直接入河，减少清水对污水空间的挤占；

（7）截污干管应保持低水位运行，为初期雨水的收集预留余量，以减少雨季溢流污染。

3.1.5 "三不管"路段及城中村排水管网运营前期工作

1. 事件描述

为全面管理"三不管"路段及城中村排水管渠及附属设施，早日实现排水管网全覆盖及完善雨污分流工作。2018年，某区政府将内94条"三不管"路段及47个城中村的排水管渠移交集团某区域分公司管理，共计238.07km，其中三不管路段雨水管渠39.59km、污水管渠32.22km；城中村雨水管渠72.78km、污水管渠93.48km。短时间内接收如此大量的设施，对区域分公司来说是个严峻的挑战。

区域分公司在接收后立即安排专业技术人员对移交清单里的所有排水管渠及其附属设施进行了专项普查工作，普查结果如下：

（1）经核实"三不管"路段淤积量为2985.81m^3，城中村淤积量为3985.08m^3，部分管道存在三、四级结构性及功能性隐患；

（2）区政府提供的第三方管线勘察资料存在不完整及不准确等情况，部分排水管渠信息和数据不全；

（3）27条"三不管"路段及11个城中村的井盖及雨水箅子存在破损问题需更换。

为确保2018年安全度汛，根据普查所发现的管渠严重淤积问题，区域分公司立即立项，并组织外包清疏队伍对"三不管"路段和城中村排水管渠进行全面清疏，并于汛前完成；同时对普查所发现的破损井盖187座及雨水箅子63座进行了更换及维修，确保路面设施安全（见图3.1.5-1）。

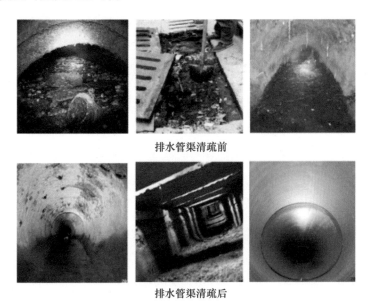

排水管渠清疏前

排水管渠清疏后

图3.1.5-1 "三不管"及城中村排水管渠清疏前后

为消除地面塌陷隐患，区域分公司分别对"三不管"路段及城中村排水管渠的管道进行内窥检测（见图3.1.5-2）。针对检测发现的功能性和结构性缺陷，区域分公司已对管道缺陷进行统计及分类，尽快整理改造方案，从而逐步推进整改与完善工作。

录像文件	001402.mp4	起始井号		W107	终止井号		W108
敷设年代	2005-01-16	起点埋深		1m	终点埋深		4m
管段类型	污水管道	管段材质		混凝土管	管段直径		400mm
检测方向	顺流	管段长度		20m	检测长度		20m
修复指数	8.00	养护指数		/	检测人员		Bill.Fung
检测地点		裁星围新七八九坊			检测日期		2018-09-21
距离(m)	缺陷名称代码	分值	等级	管道内部状况描述			照片
0m	(CK)槽口	5	3	结构性缺陷。			1
0m	(CK)槽口	5	3	结构性缺陷。			2
备注信息							

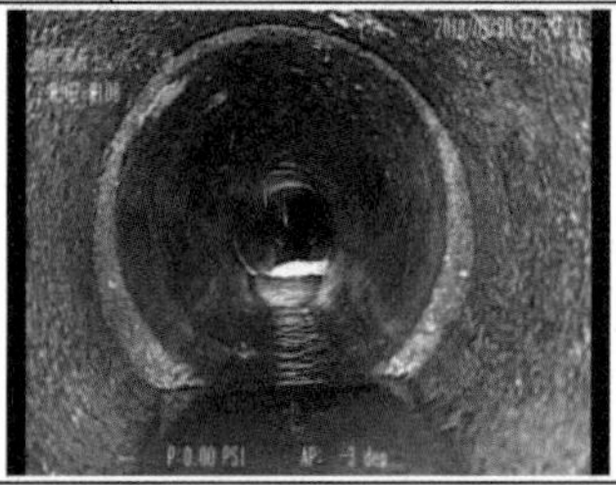

照片1

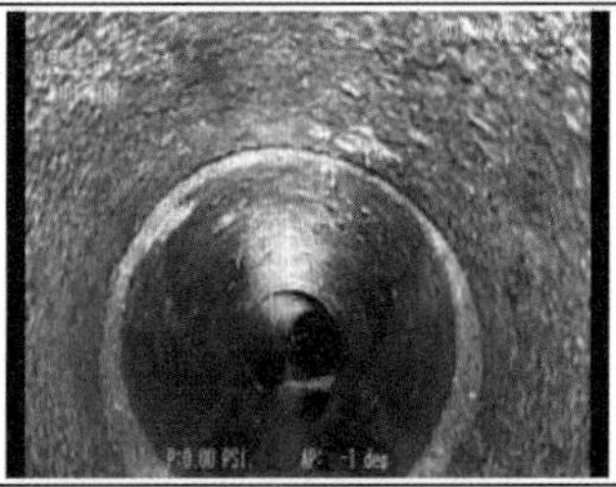

照片2

图3.1.5-2 "三不管"及城中村排水管渠内窥检查

针对区政府提供的管渠信息不全与勘察资料不完整的问题，区域分公司安排管线勘测工作，形成的管线资料成果，由技术人员录入GIS系统，为下一步进行管网维护和日常巡检提供可靠依据。

2018年汛期，因前期各类工程化措施实施及维护得当、及时高效，不仅消除了新接收的"三不管"及城中村各路段因路面设施故障而造成的安全隐患并完善了现有GIS系统，还保障了排水管渠的排水顺畅，经受住了暴雨的考验。

2. 原因分析

（1）"三不管"路段及城中村排水管渠所发现问题均属历史遗留问题。管渠建设年代较早，建设标准较低，多数路段权责不明晰，管理责任未落实，导致管道及路面设施破损严重，产生塌陷风险隐患问题诸多。

（2）部分城中村排水管网内缺少化粪池、隔油池等附属设施，且附近居民意识不强，随意倾倒，造成管网淤积、淤堵现象较为严重。

（3）早期建设资料未留存保管好，导致现有的资料不齐全，后期移交前的勘查资料质量不高，为后期运营管理增加了难度。

（4）长期以来设施无人管理维护，管线结构性、功能性缺陷较多。

3. 总结提高

（1）"三不管"路段及城中村排水管网接收后管网清疏是首要任务，区域分公司通过短时间的清疏工程化措施顺利度过了汛期。

（2）井盖及雨水箅子及时更换和维修解决了长时间存在的路面安全隐患。

（3）系统性对排水管网进行检测、勘测，并及时对存在的结构性与功能性缺陷的管道进行修复，消除排水管渠破损及塌陷等隐患。

（4）管线勘察及测量结果，及时绘制排水管网图，并录入集团GIS系统，可为管网维护和日常巡检提供可靠依据；

（5）以现有调查资料为基础，建立健全管网资料库，将"三不管"及城中村路段纳入日常巡检和维修改造工作，通过日常的巡检，及时掌握管道运行状况并及时对问题管道及设施进行修复。

3.2 智慧管网

3.2.1 智慧排水监测为污染源溯源提供有力保障

1. 成果概述

2019年为集团公司的"标准建设年",为加强污染源监管,集团公司推行"一厂一管一出口"模式,严厉打击偷排漏排、超标排放违法行为,同时创建厂、站、网、口、河一体化管理全要素治水工作模式,借助物联网技术,实时监控流域内所有涉水设施,及时掌握设施运行状态、水质变化及溢流等情况,实现流域内污水全收集、收集全处理、处理全达标。

为此,水务科技公司针对目前管网排水及小区雨水排放口等监控能力不足,部分小区住户雨污水管存在混接、错接,导致生活污水直接流入市政雨水管道的问题,研发智慧排水监测与预警系统,用于24h监测排水情况。该系统已在深圳市多区域内的小区雨水排放口、窨井、闸板、排口与河道进行了安装部署,满足了"加强对污染源监管""排水口净口""外水减量"等行动的要求。

智慧排水监测与预警系统安装部署后,所有数据实时上传至云平台,管理人员可直接通过PC网页端、手机APP端远程查看排水运行情况,包括现场照片、液位、流速、水质、水位开关等信息,这大大提升了管理人员对排水系统的实时监控管理能力。

2. 具体方案

(1)一体化全要素监测方案

黑臭在水里,根源在岸上,关键在排口,核心在管网。为了有效监测整个排水系统的运行情况,采用厂、站、网、口、河的一体化全要素监测方案,分别在源头(达标小区雨水排放口)、过程(排水管网、泵站、污水处理厂)、末端(河湖排放口及其附近的受纳水体)部署智慧排水监测与预警系统。图3.2.1-1是监测和数据采集对象示意图。

(2)总体设计

从需求出发,从终端数据采集设备、网络通信方式、设备安装方式、云平台四个维度对系统产品进行设计研发。

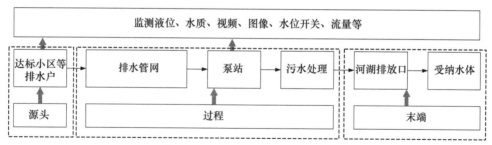

智慧排水在线监测与预警系统

图3.2.1-1 监测和数据采集对象示意图

1) 终端数据采集设备

智慧排水监测与预警系统硬件部分主要由工业相机、工业摄像机、投入式液位传感器、超声波液位传感器、流量计、巴歇尔槽、水质在线监测仪、硫化氢气体传感器、光谱水质传感器、水浸传感器、数据监控终端RTU、供电系统等部分组成。以下是对不同数据采集对象选择终端数据采集设备。

① 液位采集

➢ 投入式液位传感器

➢ 超声波液位传感器

② 明渠流量采集

➢ 巴歇尔槽

➢ 超声波换能器

③ 管网流量采集

➢ 流量计

④ 视频采集

➢ 工业摄像机

⑤ 图像采集

➢ 工业相机

⑥ 低功耗水位开关信号采集

➢ 水浸传感器

⑦ 水质采集

➢ 在线式单参数水质仪（如在线式氨氮监测仪、在线式总磷监测仪、在线式COD

分析仪等）

➢ 在线式多参数水质仪（如在线式光谱水质仪等）

➢ 工业摄像机（通过图像识别及人工智能算法判别浑浊度）

➢ 硫化氢气体传感器

⑧ 配套设施

➢ 水务科技专利产品：安装支架套件

➢ 供电系统（7.2V 57Ah能量型电池/太阳能供电）

2）网络通信

智慧排水监测与预警系统通过2G/3G/4G网络将监测数据上传至云平台服务器，用户可通过PC端、移动端登录监控平台对站点、数据、人员等进行查看、操作（见图3.2.1-2）。

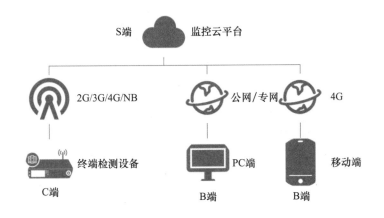

图3.2.1-2　网络拓扑图

智慧排水监测与预警系统采用MQTT协议，通信服务与数据处理相互独立，RTU与通信服务器交互，而不与业务平台交互，可实现多数据中心进行数据备份，保证数据不丢失。当RTU与通信服务出现通信故障时，数据保存于RTU。

通信服务与数据处理分开，因此RTU数据应答时间快，对业务平台不造成负担。MQTT代理服务可以处理百万级数据并发，不会造成通信堵塞。数据进行多数据中心备份，数据丢失几率减少。

3）设备安装及施工

结合现场环境，分别对小区雨水排放口监测点、窨井液位监测点和排口监测点进行安装。

① 小区雨水排放口监测点

设备通过在雨口管壁固定，并将低功耗水位开关放置在雨井底部进行排水监测。

② 窨井液位监测点

采用不锈钢管与井壁固定，钢管背水面开有进水孔，液位传感器放入钢管中，有效避免了传感器被冲浮、撞击、堵塞，维护和更换传感器时无需下井。

③ 排口监测点

在排放口附近架设立杆，放置太阳能板、高分辨率相机和控制箱，控制箱中放置RTU，并根据现场环境安装相关传感器。

4）云平台设计（图3.2.1-3）

智慧排水监测与预警云平台是物联网的应用层，它基于B/S架构开发、建立在windows IIS服务之上。平台应用包括通信服务（TCP/IP）和信息管理服务。信息管理服务基于三层（表示层、逻辑层和数据层）架构，在性能及扩展性方面较好，信息管理服务包括：PC端（系统管理、数据管理、维护管理和地图等功能模块）、移动端APP及公众号微信报警推送。实现排水监测数据实时监控、数据查询/分析/统计、地理位置信息记录、推送报警等功能。对于工作异常的监控设备，系统具备微信推送报警和平台报警两种方式，系统可靠性、兼容性、交互性和扩展性良好。

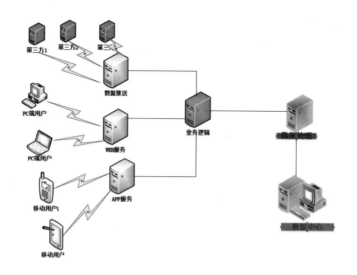

图3.2.1-3 云平台架构设计示意图

3. 借鉴意义

上述系统产品研发及实施工作具有如下意义：

（1）助力城市防洪排涝，追污溯源

智慧排水监测与预警系统可以快速获取排水管网、排口、闸板等运行参数，如管网液位、流速、流量、水质，地上易淹易涝点液位、水质，雨水排放口液位、流速、流量、水质，排口液位、流速、流量、水质，闸板液位、流速、流量、水质等。通过获取上述数据可帮助解决污水溢流、偷排、乱排、错排、排放口出水水质不达标等问题。

（2）助力排水管网长期正常化运行

智慧排水监测与预警系统可通过数据分析判断排水管网的运行状况，比如是否有堵塞，是否有外水进入等，可起到风险告知与预警、效能评估、排水管网改造优化建议等作用。

（3）助力水务管理智能化

通过数据采集自动化、数据分析智能化，运行评估精准化，可降低人工巡检强度，降低人员管理成本，实现系统实时监控自动报警，提高响应速度。

（4）助力水力模型构建

智慧排水监测与预警系统可为构建"城市排水管网及河道系统水力模型"提供数据支撑，通过建立内涝风险评估、污染物排放评估、河流水量水质评估等，实现系统的预报预警，同时根据系统生成的最优调度方案，为快速调度提供依据。

3.2.2 供水管网水力模型建设与应用

1. 成果概述

某公司供水管网水力模型项目于2018年10月22日开始搭建，于2018年12月22日完成离线模型搭建，并通过初步验收，目前正在实施在线供水管网水力模型系统的部署搭建。

该公司供水管网水力模型是供水企业实现智慧水务建设最核心的模拟计算系统。深水光明供水管网水力模型系统整合了光明现有GIS数据、营业收费数据、大用户远传数据、水厂加压泵站等基础数据；应用搭建完成的供水管网水力模型系统（见图3.2.2-1），对公司数据与运营管理效率提升有着显著的效果：

图3.2.2-1　已搭建水力模型在线系统

（1）加强数据统一管理，有效发现管网数据存在的问题，全面了解了管网阀门及其他供水设施的运行状况；

（2）评估与优化现状管网在线监测点的部署，加大监测点的监控范围；

（3）有效指导供水区域的合理分区，为小区DMA的建设提供技术支撑；

（4）分析展示各个水厂的供水边界动态变化情况，为水厂调度、水厂供水能力规划提供重要的参考依据；

（5）监控管网运行现状，并且能够以直观的彩色分析图展示，工程师能够及时发现并解决管网中管网最不利供水工况区域。

2. 具体方法

（1）整合基础数据，应用模型功能核查数据问题

通过管网GIS系统导出管网shape文件，水厂与管网SCADA系统导出在线监测点实时数据，UCIS系统导出用户的用水量数据，采取批量导入的方法导入管网水力模型系统，整合生产、管网、客服基础数据。应用模型的数据核查功能发现管网GIS多处拓扑连接问题，包括孤立的节点、阀门、消火栓，断开或连接有误的管道，关闭的阀门等一系列的问题。该部分由实施单位与分公司GIS技术人员共同核查，现场核查确定正确的拓扑连接方式和阀门状态。

（2）应用模型对现状的评估

可靠性分析：对管网中存在的阀门进行关闭，如果封闭的范围过大，说明该区域最不安全，需要增设阀门缩小封闭区域；减小该区域可能停水造成大范围停水的隐患。

1）应用阀门对管网隔离分区，形成隔离段；

2）隔离段越长，说明该区域越不安全；

3）根据现有阀门划分管网隔离分区；

4）找到隔离分区范围过大或阀门过多的区域；

5）隔离部分系统后对下游用户用水影响；

6）发现哪里需要增设阀门来提高管网的安全性；

7）应用管网发生停水事故时，能够造成停水范围最大的管段位置，及停水管段长度。

（3）模型的应用

实时模拟管网运行状态：应用在线水力模型平台，能够实时在线查看现状管网运行状态，发现现状管网可能存在的供水瓶颈。

优化测点：随着光明的不断发展，供水管线的增加，需要不断的增设压力监测点，而应用科学化分析计算的优化测点工具，能够以增设最少的监测点，而达到最大的监控范围为目标来设置压力监测点。

通过对光明现状已安装压力监测点监控能够覆盖的范围的分析，发现现状压力测点只能监控全管网的79.13%，通过应用优化测点工具，在现状的基础上新增29个测点，就能将压力测点的监控范围提高到93.35%。

供水水力模型分区功能：深水光明水务管网中目前供水区域共分为一级分区、二级分区与小区DMA，通过供水管网水力模型分区功能能够验证一级、二级分区方案的合理性，同时对已规划建设的DMA小区提供数据分析依据；通过模型模拟分析，可以指导最优的分区方案，同时能够评估目前分区的合理性。

分析水厂供水边界线：应用供水管网水力模型能够很直观地展示各个水厂供水范围和动态边界，为水厂调度调配、水厂供水能力规划，管网改扩建规划等实施方案提供重要的参考依据。

水力与水质功能分析：通过搭建完成的水力模型系统进行计算分析，能够应用彩色分析图很直观地展示流量、压力、水质等分布情况，如管道的流量彩色分析图，能够很直观地展示流量最大或流速最大的管道；压力彩色分析图能够统计高低压区（见图3.2.2-2）；水质模拟（见图3.2.2-3）能够统计水体存留时间较长、存在水质隐患的管道，作为管道冲洗的依据。

图3.2.2-2　在线压力彩色分析图

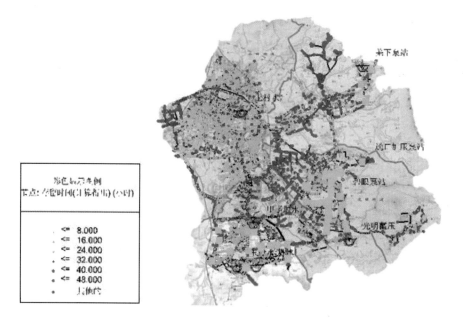

图3.2.2-3　水质模拟分析图

3. 借鉴意义

（1）供水管网GIS基础数据是供水管网水力模型建设与应用的基础，同时供水管网水力模型能够高效地分析GIS基础数据存在的问题，并通过在线监测点的实时数据校正管网GIS基础数据。二者相辅相成，共同促进系统数据的完善。

（2）新增在线压力监测点需要应用优化测点布置的功能进行科学化分析，以达到应用最少的测点监控最大的管网范围的效果。

（3）管网分区与DMA建设方案制定，可通过供水管网水力模型辅助决策。

3.2.3 消火栓信息化管理的典型案例

1. 成果概述

某公司负责某区绝大部分市政消火栓的管理，目前管理消火栓数量约14000个，数量多，分布广，加之近几年消火栓建设不断加速，预计3年内该公司辖区范围内消火栓数量将增加至20000个左右。

传统的消火栓管理模式存在诸多问题，如管理责任不清晰，维护管养不及时，管理混乱等。为此集团公司寻求通过信息化管理手段，对纳入集团公司的每个消火栓进行全生命周期动态管理，明确消火栓管理责任界限，实现人、设施、工单同步线上管理。

2. 具体方法

（1）引入已经稳定运营经验的消防管理系统

消火栓运维管理系统通过物联网技术、移动互联网技术、GIS等现代信息技术为基础，以消火栓运维管理中的人员、设施、隐患、数据等为核心建设一套标准化、精细化、可视化、智能化的一站式消火栓运维管理云平台（见图3.2.3-1）。

图3.2.3-1 消火栓运维管理云平台PC端界面

通过消火栓运维管理云平台，实现人员的在线管理、设施精细化管理、消火栓分布图（图3.2.3-2）和各类分析报表的生成。

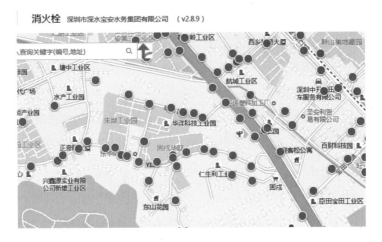

图3.2.3-2　消火栓分布图

（2）消火栓挂牌工作

引入内置RFID芯片的消火栓标牌，通过挂牌工作，明确集团公司消火栓管理界限，消火栓挂牌即纳入集团公司管理。

利用消防设备感应录入消火栓属性信息，也可以识别标牌上二维码，查询对应消火栓基础信息。

（3）实现消火栓全生命周期动态管理（图3.2.3-3）

管理人员通过消火栓线上管理系统，实时了解每个消火栓状态信息，消火栓责任人工作状态。每个消火栓建立一个独立台账，每个设施曾经发生过什么、运维情况是怎么样的、责任人是谁、现在的水压等情况是怎么样的、接下来由谁对这个设施进行什么样的运维工作，一切和设施相关的数据将同步更新。

图3.2.3-3　消火栓动态管理

3. 借鉴意义

实现消火栓电子建档,强化对巡查人员的监管,实时了解消火栓状态,发现消火栓无水、低压等问题并及时解决,同时为消防部门灭火救援提供指导。

3.2.4 二次供水加压泵站标准化智慧化示范改造案例

1. 成果概述

为了推进优质饮用水入户工作,解决城市供水"最后一公里"水质问题,某公司针对供水系统中的重要环节——二次供水加压泵站,选取景蜜村泵站作为标准化智慧化提标改造示范点。2018年4月至6月期间,采用EPC项目总承包模式,实施泵站提标改造。改造后经过近一年的运行,该泵站供水水压稳定,水量充足,水质优良;设备能耗明显降低,年节电约20122度,节电率达到52%。通过本次改造,实现了该泵站现场无人值守,能耗分析、运行数据实时传输保存,运营管理平台全面感知、可视化管控、智能化运维的目标,构建了"先进可靠、经济安全"的"标准化、智慧化"泵站。

2. 具体方法

(1)找准问题,为提标改造提供技术依据

景蜜村泵站始建于1997年,采用水池加变频水泵供水方式,水池为钢筋混凝土结构,容积150m³;加压水泵为3台流量45m³/h、扬程59.4m、功率11kW和1台流量10m³/h、扬程64.8m、功率3kW的立式多级水泵(见图3.2.4-1),最高日平均供水量为390 m³/d左右。

图3.2.4-1 改造前泵站

泵房运行中存在的主要问题:

1)水池容积大,水流动性差,余氯易不达标。

2）水池进水管与小区1至3层用户市政直供管道联通,水池进水时存在抢水现象,使得用户高峰期水压不稳且管路有共振现象。

3）根据月供水量数据分析,最高日平均供水量在390m³/d左右,而配备3台流量45m³/d,11kW的大功率水泵,存在严重的"大马拉小车"现象,运行能耗高,效率低的问题。

4）水泵控制系统功能不全,供水设备无法进行远程监控,智慧化程度不高。

5）未配备安防监控系统,使泵站安全存在隐患。

（2）对症下药,优化方案,实现标准化、智慧化

为了使泵站改造后达到标准化、智慧化的目标,起到示范引领的作用,技术人员在设计方案审定时高标准、严把关,确保方案合理、优化、可行。

1）供水能力上充分考虑近、远期相结合,近期供水范围为景蜜村小区,加压用户数为332户,日供水量为390m³;远期将天健花园、万科城市花园的二次加压供水并入该系统,加压总户数将达727户,日供水量将达到700 m³。

2）采用水池加变频水泵增压方式,并根据近、远期加压用水量,对水泵配置进行调整,选用2台流量21m³/h、扬程70.4m、功率7.5kW水泵供近期使用,互为备用;同时考虑远期供水量,保留原有一台大水泵和一台稳压泵,使大、中、小泵搭配使用,既满足小区供水量,又使得水泵运行在高效区,节能降耗。

3）为保证水质,采用不锈钢316L水箱,并根据供水能力及以后运维需要,确定水箱有效容积为74.5m³,并分隔成两个独立部分,在水箱出水管外部进行连通,加设阀门,便于水泵故障维修或清洗水箱时不停水运行。

4）优化控制系统,采用1台水泵1台变频器的运行方式,并在出水管上安装高灵敏压力传感器实行闭环控制,使供水压力在设定的压力下恒压运行,从而避免压力波动对用户的影响。

5）增加在线水质监测系统,配备pH、余氯、浊度等在线仪表,24h监测水质情况,并新增一套紫外线消毒器,充分补充了供水末端可能产生的余氯不足,有效保障最后一公里的水质安全。

6）在泵站门口安装人脸识别门禁,泵站内部电子屏幕上显示不同角度的实时监控画面,就连水箱顶部人孔等看得一清二楚。这些监控画面与远程监控实时连接,大大提高了泵站的安全性。

7）景蜜村泵站已接入集团二次供水管理平台，该系统可以实时监控泵房内流量、水压、水质和安防门禁等情况，保证一旦出现异常情况就可以即时报警和响应。

（3）实施工程全过程参与，全方位监管，确保改造效果

为了使泵站改造能够顺利实施并达到预期效果，需充分做好施工的前、中、后期各项工作。

首先重点做好前期工作。在改造前，与总承包及设计单位进行充分沟通与协商，就供水能力、方式、材质、环境提升、运行模式、控制系统以及临时供水方案等方面提出切实可行的优化方案和合理化建议，并被采纳应用。

其次，作为正在使用的加压泵站的改造工程，边设计边施工边运行贯穿于施工过程的始终。为此，技术人员协助施工方制定科学、合理、可行的施工方案，采取在原配电间临时单设一套供水系统，使临时供水与施工区域隔离开；同时，进一步优化停水方案，减少停水次数，仅在临时供水切换及改造最后的新旧管道碰口时实施了两次计划停水，有效保证了改造期间供水稳定可靠。另外，为了加强工程质量、进度的监管，技术人员坚持每日到场，及时发现问题，及时整改解决，减少返工，确保监督到位，避免工期延误。

再次，在施工后期，运用6S管理方法，对标识、标牌进行梳理，将各项规章制度张贴上墙，让各类标识、标线在管道、阀门、地面上清晰可见，有效实现泵站管理的制度化、规范化和可视化。

改造后的泵站见图3.2.4-2。

图3.2.4-2　改造后泵站

3. 借鉴意义

该泵站改造的经验对今后辖区居民小区二次供水设施提标改造工程具有借鉴作用：

（1）在改造前需要详细了解泵站内设施及小区管路情况，按"一站一策"原则，充分与设计、施工、物业公司等沟通、协商，并结合原供水设施运行状况提出合理可行、优化有效的节能供水方案，满足小区加压供水要求。

（2）充分利用泵站可用空间，设立临时供水系统区域与改造区域分开，互不影响（如图临时供水区）。

（3）优化停水方案，尽量减少停水次数，力争将对用户的影响降到最低。

（4）不锈钢水箱就在拆除了的旧混凝土水池的原位上组装拼接，既充分利用了原混凝土水池的基础，又使得泵站内设备、设施布局紧凑，工艺流程更加顺畅。

（5）施工过程的监管到位是保证施工质量、进度的有效手段。

（6）要尽量避免边设计边施工边运行。三边工程有可能会造成返工，既浪费材料，又延误工期。

3.3 运行保障

3.3.1 *DN*1600原水管碰口期间供水保障

1. 事件描述

2017年7月6日，某分公司对宝安区铁岗九年一贯制学校红线范围内的*DN*1600和*DN*1000原水管进行迁改。该项目实施过程中，需关停朱坳及新安水厂*DN*1600原水管，届时将导致朱坳水厂一期、二期（各10万m^3/d）及新安水厂（7万m^3/d）全面停产，停水影响范围极大。为最大限度降低施工期间对辖区范围内生产、生活用水产生的影响，集团公司多次与相关部门召开协调会议，研究讨论施工方案及供水保障措施，最终顺利完成*DN*1600原水管碰口工程。此项目主要措施如下：

（1）提前测试原水阀门止水效果，确保原水管碰口施工顺利实施

计划停水施工时间从7月6日8:00～7日14:00（合计30h）。项目开展前，集团公司多次组织现场勘查及施工组织方案研讨，同时为减少停水期间的不稳定因素，实施了详细的原水管停水测试方案，对此次碰口施工关停的阀门进行逐一启闭测试，在测试结果的基础上进一步完善停水施工方案，做好事前准备工作。停水方案图及施工横道图如图3.3.1-1、图3.3.1-2所示。

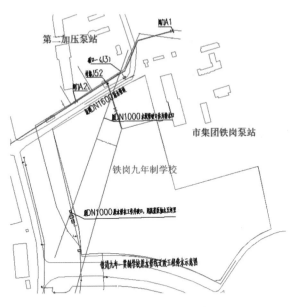

图3.3.1-1 停水方案示意图

碰口停水方案施工横道图

序号	分部分项	开始时间	结束时间	工作时间	6日										7日								
					6:00	8:00	10:00	12:00	14:00	16:00	18:00	20:00	22:00	0:00	2:00	4:00	6:00	8:00	10:00	12:00	14:00	16:00	18:00
1	全部阀口关闭	8:00	10:00	2																			
2	钢管DN1600开天窗	10:00	12:00	2																			
3	钢管DN1600割断	11:00	14:00	3																			
4	管道约600万水量抽水	14:00	21:00	7																			
5	管底开口安装DN200管作为排水口	21:00	0:00	3																			
6	J3处新建DN1600与现状水源点碰通连接	0:00	6:00	6																			
7	封堵J52	0:00	6:00	6																			
8	碰口、封堵及开天窗加固	6:00	10:00	4																			
9	加固后检查各焊接口无漏点	10:00	11:00	1																			
10	阀门打开及排气	11:00	13:00	2																			
11	恢复通水	13:00	14:00	1																			

图3.3.1-2 碰口停水方案施工横道图

（2）为机场、医院等重大敏感用户制定专项供水保障方案

项目正式开展前，集团公司已多次走访辖区重点用户，了解用户内部管网、二次供水设施设置情况，针对不同用户制定了专项保障方案。比如宝安机场，集团公司梳理了沿路所有供水控制阀门，停水施工时通过阀门启闭从辖区内部调节供水；同时协调福永水司从宝安大道进行外部调水，补充供水缺口；除此之外，集团公司提前与机场取得沟通将在机场水压不足时启用旧机场3000m³的供水水池，梳理沿线供水管道，在供水高峰期对航站楼进行应急供水。

（3）制定宝安大道玻璃钢管爆管应急预案

朱坳水厂一、二期及新安水厂停产后将进行大规模调水，此过程中，将改变宝安大道主供水管道的供水流态，为应对宝安大道玻璃钢管爆管事故，集团公司已于施工前对宝安大道进行了爆管应急抢修模拟，制定爆管应急预案随时应对突发事件。

（4）"三源五路"调水补缺口

为应对27万m^3的供水短缺，集团公司在自身调节的同时，积极与各水司进行沟通协调，推进"三源五路"调水补缺，其中三源指的是福永水司、石岩水司以及南山水司三个调水源头，五路指的是留仙大道、前进路、洲石路、宝安大道以及107国道五条供水由路。调水阶段施工安排见表3.3.1-1。

调水阶段施工安排表 表3.3.1-1

阶段	序号	调水由路	工作内容
调水阶段 （7月4日～ 7月6日8:00）	1	留仙大道 DN300管调水	7月5日9:30双方确认流量计读数，同时打开DN300阀门（宝安方向阀门全开、南山方向阀门部分开启，控制在200m^3/h）；7月6日7:00关闭创业路（广深高速）DN800阀门，8:00宝城降压供水后（或等通知）控制调水量300m^3/h以内（南山控制）
	2	前进路 DN600管调水	7月5日9:30双方确认流量计读数，同时打开南山方向DN800阀门（宝安阀门全开、南山阀门部分开启，控制在200m^3/h），7月6日8:00宝城降压供水后（或等通知）控制调水量700m^3/h以内（对方控制，集团公司阀门全开）
	3	洲石路 DN600管调水	7月6日7:00开始打开康桥书院门口DN800阀门，先打开15%（一格）观察三所压力情况，再酌情全开阀门
	4	宝安大道 DN600管调水	7月4日完成冲洗，保持福永方向阀门打开，宝城方向阀门保持10%开启度；7月5日9:00宝城方向阀门开到50%，17:00全开宝城方向阀门
	5	107国道 DN800管调水	7月5日16:00打开宝城方向DN800阀门，由福永水司打开福永方向DN800阀门

（5）注重过程监测信息的收集及报送

水厂停产期间，集团公司安排专业人员对后台数据进行实时监控，实现施工过程统一调度，同时采集停水期间的各区域供水数据，为后期分析管网状况、改善现状管网做准备。

（6）严格监管碰口工程实施，工程实施的前、中、后派工作人员全程监督，确保工程顺利实施。

（7）恢复供水时，提前排气、排水避免水质问题。

最终，经过集团公司精心部署及严格落实，顺利按计划完成新安及朱坳水厂DN1600原水管碰口工程，将停产期间的社会影响降到最低，赢得了社会各界的肯定及赞誉。

2. 原因分析

DN1600原水管碰口工程将导致新安及朱坳水厂一、二期停产，供水缺口达27万m³，除保障碰口工作顺利完成外，如何解决水厂停产带来的一系列社会问题是整个项目的重中之重，这也是给水管网运营过程中供水保障的重点课题。

辖区范围内存在部分敏感用户需全程保障供水，针对此类用户需制定专门的供水保障方案，结合外部及内部条件，保障停水期间的供水稳定。此过程中将涉及供水管线的区域调整，在保障敏感用户供水的前提下，最大限度地降低水厂停产的影响范围。因而方案的实施过程中需综合考虑辖区供水模式，调整阀门启闭，结合外部区域调水，共同推进项目停水碰口工程。

3. 总结提高

面对重大事项的实施时，需进行多方考虑，制定详细的方案计划，才能更好地完成项目推进。就此次原水管迁改供水保障而言，重点在以下几点：

（1）完善事前准备，包括停水调查，施工方案审核，现场施工准备等。

（2）做好敏感用户的供水保障方案，包括内部调整及外部调水。

（3）多方协调，完善调水方案，最大限度补充停产缺漏。

（4）工程完工后，关注恢复通水及水厂复产工况，及时解决黄水水质事件，保障供水安全。

3.3.2 分公司HACCP体系建立与运用

1. 成果概述

盐田区已于2018年底完成盐田区自来水直饮全覆盖，率先建成了全市首个自来水的直饮示范区。为将工程化措施改造后的各环节串联起来，形成一条线、织成一张网、汇成一个面，实现整体大于局部之和的效果，提高水质安全的管理水平，盐田分公司率先建立了管网HACCP体系（图3.3.2-1），将风险预警前移，做到判断准确、反应迅速、管控高效有力。期间，分公司通过了符合性评价，完成管网风险点梳理分析49项，确定关键控制点2项，完成76份体系文件的编制及修改，通过对一线员工的体系贯彻与操作培训，对管网中的风险点包括：施工通水、水池水箱、材料出入库等情况进行监控，保障水质安全，并通过实际数据分析，解决了金沙街浊度、余氯超标问题。

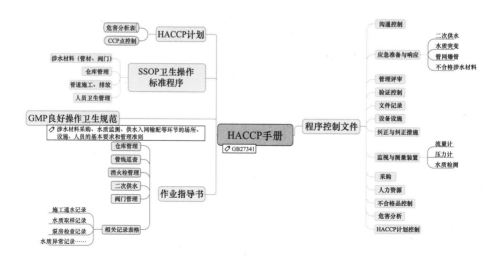

图3.3.2-1 盐田管网HACCP系统图

2. 具体方法

（1）建立过程

1）熟悉规范文件

分公司组织人员先熟悉规范文件《危害分析与关键控制点（HACCP）体系 食品生产企业通用要求》GB/T 27341，了解并掌握规范包含的内容，清楚HACCP手册、HACCP计划、各程序文件的主要作用与相互联系，明确规范中的相关要求，将食品安全规范与管网供水安全进行对照、融合。

2）组建HACCP小组

小组由分公司管网部、工程部、设备部、经营部、服务所等多个部门组成，小组成员包含了不同专业、供水经验较为丰富的人员，负责计划、开发、验证以及实施HACCP体系。

3）识别预期用途与控制范围

为了确定HACCP适用的范围，需要阐明饮用水的预期用途和目标人群。预期用途如日常、消防、商业、建筑、工业等，目标人群如普通人群，生活饮用水的目标人群原则上不包含特殊人群（年长、患病、婴幼儿人群等），具体可参考《居民用水导则》。

4）制定工艺流程图

流程图是对管网进行危害分析前的基础工作，由HACCP小组组织制定，该流程图应包括操作中的所有环节，用以展示管网输配、调节、二次供水及用户受水点的水流路径，以便对整个供水过程的各个节点进行控制分析。

5）管网危害分析

这是整个体系建立很关键的一部分，分公司在集团各部门的大力支持下，梳理和分析管网中的风险点，通过评分法，确定了两个关键控制点CCP点，CCP-1调配（施工通水前排放不当或不充分），CCP-2二次供水（饮用水在水池、水箱停留时间过长，余氯衰减，存在生物超标风险），对关键控制点以及风险点进行监控，并制定纠偏措施。

6）建立验证程序

为了定期检验体系运行的可靠性与稳定性，及时发现运行过程中的问题。分公司建立了验证程序：① 每年至少进行一次的内审和管理评审，以确保HACCP体系的有效运行；② 每年至少进行一次技术会审，以确保整个HACCP计划的科学性；③ 请独立第三方进行符合性评价，客观评价体系运行实施情况。

7）建立文件和记录保持系统

对日常的记录进行整理并保存，以便于日后进行数据相关分析与纠偏。

（2）实际应用

体系成立后，分公司对相关技术人员与一线员工开展了培训，对体系文件进行了宣读，对管网中的风险点与施工中的注意事项进行了讲解。体系的实际运行过程围绕防范已知危害、及时纠偏以及记录与分析进行展开，主要包括现场施工作业的规范与记录、现场涉水材料的管理、泵房与仓库卫生等风险控制（见图3.3.2-2）。

图3.3.2-2　盐田管网HACCP体系实际运行图

1）针对关键控制点采取措施

① CCP-1调配（施工通水前排放不当或不充分）：

a. 制定施工通水水质记录表，通过对停水施工过程中，排放的浊度、余氯、时长等进行检测与记录，控制恢复通水时的水质以及分析判断管道内的"健康"情况。

b. 梳理停水施工作业流程，对停水排放方案进行优化。

成效：通过对施工通水水质的记录与现场排放规范化，降低了因排放不当造成的水质风险，也为今后相同区域内的停水施工提供了参考依据。

② CCP-2二次供水（饮用水在水池、水箱停留时间过长，余氯衰减，存在生物超标风险）：

a. 制定水池、水箱水质记录表，定期对未改造泵房的水池水箱进行取样检测，确保水质的安全。

b. 针对即将改造的泵房进行前期图纸会审，重点关注水池水箱停留时间与导流板的设计，及时发现问题。

成效：通过对水池水箱进行水质检测，能及时发现二次供水中的水质问题，降低二次供水带来的水质风险。

2）其他相关工作：

① 制定不合格品追溯记录，使用观察、测、量等手段对现场管材状况、封堵情况进行检查。

② 出入库记录中对涉水材料进行检验，对入库的涉水材料进行合格证书检查，外观检查。

③ 制定水质异常记录，对水质异常事故进行取样、记录、分析原因等工作。

④ 供水系统交叉连接风险源调查，主要针对山水与饮用水混接的情况进行调查，排查出可能由于山水影响饮用水安全的风险点。

⑤ 水池、水箱水质记录，定期对水池水箱进行取样检测，确保水质的安全。

3）运用体系解决实际问题的案例

大梅沙街道金沙街给水管偶尔会出现浊度超标、余氯不足的情况，但一直未能找到原因。分公司运用HACCP体系，对该处风险点进行长期水质取样检测，并进行连续测压，通过数据发现，压力波动较大时，浊度会明显升高，初步判断是因为给水管年代久远，管道腐蚀严重导致，且处于管网末梢，存在水质风险。经过改造后，浊度、余氯均已到标。

3. 总结分析

（1）通过HACCP体系的建立，强化了员工的水质安全意识，对管网中的风险点有了更深的认识，规范了一线员工的现场操作规范与文件记录管理，降低了污染源进入的风险，使现在作业做到有据可寻。

（2）作为管网HACCP的试点，盐田在体系建立前期积累了不少经验，对于其他分公司来说，有不少可借鉴之处。

（3）体系的建立只是水质保障的一小步，整个体系的完善需要大量的数据基础与运行经验，是一个较为漫长的过程，需在体系实际运行过程，通过规范文件管理与现场操作，持续收集与记录相关数据，不断对系统进行完善与改进.

（4）体系建立后，可以防止较大的水质事故，但小范围的水质投诉仍难以防范。个别或者小范围的水质突变现象具有复杂、多变以及难溯源的特点，需在体系运行足够时间后，收集大量数据对污染源进行定位。

（5）水质合格的标准：一是水质本身，二是客户认可度。需要在保障水质达标的情况下，多于用户解释沟通，能让客户用水放心，消除对用水的顾虑，从而减少水质相关的投诉。

（6）针对人为的破坏或蓄意污染等造成的显著危害，仍处于薄弱阶段。

（7）在实际施工过程中，仍需进一步规范操作流程，防止污染源进入。

3.3.3 小提升、大安全——施工作业围挡升级

1. 成果概述

在日常维抢修作业中，原有的反光锥加反光带的警示模式存在较大的安全隐患，现场围挡中如遇风雨较大或人为因素时，反光锥就会产生位移倾倒现象，从而造成警示功能缺失，产生较大的安全施工和道路交通隐患。

随着国家对安全生产的问题越来越重视，集团、分公司对户外作业的围挡要求也在不断提高，原有用反光锥加反光带的围挡模式已经不适应新时期对施工现场的安全要求，围挡必须要做到封闭、连续、坚固、稳定和美观（图3.3.3-1、图3.3.3-2）。

图3.3.3-1　反光锥围挡正常　　图3.3.3-2　反光锥围挡被破坏

2. 具体方法

（1）找准存在问题，提出解决问题的需求。

在日常维抢修中围挡需求的特点是：

1）围挡时间较短；

2）使用轻便，方便携带，拆装简单；

3）围挡范围不规则，宽敞和狭窄均可以调节；

4）围挡连续和坚固，不易被外界因素轻易破坏；

（2）结合实际操作使用，充分利用现有能满足需求的工具和尝试使用新的工具。

通过现场的实际操作使用，在较宽敞的作业面时，可使用塑胶围挡或伸缩式围挡进行连续封闭围挡，还是比反光锥围挡的安全系数高，不易被外界因素破坏。在较狭窄的作业面时，使用塑胶围挡后影响行人的正常通行，后尝试使用伸缩式围挡，很好地把作业面和行人过道分隔，从而互不影响，在施工安全作业方面得到很好的改善（图3.3.3-3、图3.3.3-4）。

图3.3.3-3　塑胶密封围挡　　图3.3.3-4　伸缩式密封围挡

3. 借鉴意义

户外作业的安全围挡必须要兼具封闭、连续、坚固、稳定、美观等功能。从更换使用塑胶围挡和伸缩式围挡后的作业情况来看，封闭围挡的安全警示和施工告知的功能得到根本改善，阻止行人靠近作业面的安全防护功能得到较大提升，对作业人员的人身保护得到加强。

3.3.4 复杂环境下的大口径供水管道漏点的定位和修复

1. 事件描述

2018年5月15日10:30，工作人员巡查布吉河排放口时，发现位于洪湖西路布吉农批市场旁的雨水排放口有清水排出，经检测为自来水，判断附近供水管道发生泄漏。

维修人员接报后，按照GIS图纸指引关阀试停水，发现布吉路与布心路交界处DN1000地下给水管阀门关不紧，随即联系阀门维修分公司更换阀门。随后关阀停水，观察发现雨水口清水量大大减少，初步判断为布心路北侧DN1000管道漏水，漏点位置在泥岗铁路桥西侧，随即组织队伍开挖修复漏点。DN1000供水管与DN1200原水管共同埋设于泥岗铁路轨道下方的管沟，为保障铁路的安全稳固，工作人员决定在铁路轨道东西两侧一定距离处开挖进入管沟。

现场开挖发现，泥岗铁路东侧，距离地面1m处，管沟上方浇筑了60cm厚度的钢筋混凝土。施工人员采取打空调孔的方式利用DN100水钻打钻21个孔，破开管沟顶部混凝土（图3.3.4-1）。

工作人员从东侧观察井进入管沟后，沿DN1000管线向西寻找漏点，但在前进方向50m处，被管沟内大约400m³泥土挡住去路，东侧开挖维修方案被迫中止（图3.3.4-2～图3.3.4-4）。

图3.3.4-1 水钻打钻　　　　图3.3.4-2 钻开的观察井

图3.3.4-3 管沟内部情况

图3.3.4-4 泥沙堵塞管沟

工作人员随即执行第二套方案：在泥岗铁路西侧开挖施工井进入管道维修漏点。施工人员避开铁路西侧100m处的挡土墙，在400m处的7天连锁酒店院内开挖查找DN1000管道，找到管道后开天窗放入鼓风机；同时，在铁路东侧的DN1000供水管上开天窗放入引风机，开启两台风机，抽排管道内有害气体。

待管内环境安全后，工作人员通过天窗进入DN1000供水管，查找到漏水原因为两节管道连接处焊口开裂。随即采用"内焊修复"技术修复破裂管道，并作防腐处理（图3.3.4-5～图3.3.4-8）。

图3.3.4-5 新建施工井

图3.3.4-6 漏点修复后在施工井管道上安装排气阀

图3.3.4-7 管道内部查找漏点

图3.3.4-8 管道内焊接修复裂口

管道修复完成后，工作人员在西侧施工井内的管道上安装了排气阀，在管道东侧天窗位置安装了排泥阀。通过排泥阀、排气阀相互配合排气、冲洗后，水质检查合格，开启阀门恢复正常供水，并将破损路面进行回填修复。

2. 原因分析

供水管道漏点难寻：现场管线与GIS图纸不符，漏水管道位于铁路桥下管沟，管沟上方还浇筑了60cm厚度的钢筋混凝土，埋深较大，探漏设备无法检测，只能人工进入管沟摸排；但管沟内部空间狭小且背土石封堵，无法寻找漏点。因此只能另行开挖施工井，开天窗进入管道内部。

漏水的直接原因是：两节钢管连接处焊口开裂，裂缝约95cm长，7cm宽。$DN1000$供水管道位于泥岗铁路轨道下方管沟，建设运行时间久远，管沟中有大量土方，潮湿环境加速钢管焊口锈蚀，且长期承受列车往来产生的振动，引发焊口开裂。

3. 总结提高

（1）该处漏水管道和另外一条$DN1200$原水管共同敷设于管沟中，管沟中有大量土方，外部维修作业空间狭小；且位于铁路下方，不具备直接开挖条件，无法采用外焊修复技术，采用内焊修复方案较合理。

（2）日常运营管理应加强市政大口径管网检漏工作，分区域、分管材逐步计划性检漏，争取在漏量较小时及时发现及时补救。同时要做好检漏工作记录，建立辖区管网管龄档案，并根据现场情况及时更新GIS信息。

（3）管道开挖维修后预留施工井，便于后期管养维护。

3.3.5 大型供水干管事故修复及应对

1. 事件描述

2019年3月18日，分公司接报，东湖立交隧道施工单位发现罗湖区东湖水厂门口东部过境隧道出现地陷，从有大量不明水流从隧道顶部涌入，隧道积水已达2.7m。

分公司立即派出技术人员排查，先后确定塌陷区域内$DN1200$水厂出水供水干管爆管、$DN800$污水管完全脱节。确认$DN1200$并立即启动爆管应急预案，关闭阀门进行停水，并向集团公司领导、客户联络中心、管网运营部等职能部门报告。该$DN1200$出厂干管关阀造成周边区域水压下降2~8m，每天出现大量水压投诉，一方面，集团公司安排客服人员拜访用户，进行解释和安抚；另一方面，督促建设单位、施工单位在抓紧时间消除地陷隐患，稳定基地的之后，对破坝管道实施修复。

地基稳定后，集团公司立即对该DN1200供水管开"天窗"进行视频取证并确定管线损害程度，组织隧道建设方、责任施工方探讨管线修复方案。由于管道受损情况十分严重，常规修复方式无法满足管道长期安全稳定运行的需要，需要重新敷设管道并将破损管道废除。鉴于地下空间受隧道顶进导致地层不稳定等因素的影响，加之该处交通繁忙不具备开挖施工条件，短期内不具备正式修复条件，因此，专家小组制定了先"临时修复"后"永久修复"的方案，以确保夏季高峰期来临前用户的用水需求。临时修复采用进入管道内部进行焊接修复断裂接口的方式，为了确保管道的连接强度，连接处采用钢筋焊接拉紧的加固处理，管道修复完毕试压合格后恢复通水（见图3.3.5-1）。

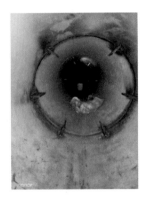

图3.3.5-1　管线修复与详细检查

2. 原因分析

造成管道断裂的主要原因如下：

（1）管线与隧道间距不足：东部过境隧道下穿管线施工，隧道顶板与管线间距约2m，当采用浅埋暗挖法施工隧道时，掌子面发生沉降，出现塌陷，导致管线受力不均并破裂。

（2）安全保护措施不足：施工前对该重要供水干管未制定专项保护方案并组织专家论证；施工过程中施工方麻痹大意，监管不足，未有效观测沉降量。

（3）施工质量差：该供水干管为焊接钢管，为2年前曾被施工方改迁敷设的新管，由于施工未按照要求进行双面焊接，加之钢管外壁未作保护，防腐层在顶进过程中被刮伤，导致管道由外而内发生锈蚀，在地层发生沉降的情况下，管道接口逐破损漏水，引发地陷事故，进一步造成管道断裂。经内窥检测，焊缝普遍存在严重的锈蚀情况。

（4）施工监管、工程检查验收不到位。在管道通水环节没有把好质量关。

3. 总结提高

（1）进一步健全管理制度：进一步完善施工工地供排水设施管理办法。对在管道安全保护范围影响内的施工项目，为确保供排水设施安全，需制定工地管理办法，加强工地管理。

（2）确保管线保护措施的落实。尽管大部分施工工地都有签订供排水管道设施安全保护协议，但协议中的要求未能一一落实到位，包括未落实管道保护措施，未有效跟进施工进展，未掌握地面沉降信息等，应一一落实管线保护协议中的要求。

（3）加强现场工程监管。造成此次地陷事故的主要责任单位是东部过境施工单位，但现场管理人员也存在监管不到位的问题，应加强工程质量监管，不合格管道不能进行碰口审批。

（4）需加强监督考核。各管理层级应对工地管理相关工作加强检查与考核，包括管线改迁等进行定期、不定期的检查与考核，并于个人绩效、单位绩效挂钩，确保工作落实执行到位。

第 4 章　客户服务篇

4.1　抄表收费

4.1.1　关于水表旋翼异常旋转问题的案例分析

1. 事件描述

从2018年8月份开始，翠湖花园5～11栋用户的水表陆续出现在未用水的情况下水表自转，一时正传，一时反转，且正反转圈数不完全对等，绝大部分情况下正转圈数多于反转圈数，水表计量不准确。

翠湖花园于2017年初进行优质饮用水入户工程改造，并于同年完工，其中，原DN20旧旋翼表均更换成兴源牌旋翼远传水表。在改造完成后5～11栋用户旁边的两块空地发生变化，一处新修建好华苑住宅小区，一处为满京华工地。

2018年11月1日上午管网管理部与航城营业中心实地踏勘发现，翠湖花园5～11栋的供水管道是共用一根管径de110的PE管。该根管道较以往还新增两处用水点，分别为满京华工地及华苑小区。根据营业中心提供的抄表数据，发现从6月份开始两处用水点新增用水量较大，基本与用户投诉时间吻合，具 体用水量见图4.1.1-1。

为更好地了解新增用水点（满京华工地及华苑小区）的情况，11月1日下午集团公司人员对新增用水点进行实地踏勘（图4.1.1-2），发现以下四个情况。

（1）两处用水点均有蓄水池，其控制用水的阀门均为浮球阀，且不定期地开启或关闭，其次满京华工地用水量大，水表转速极快。

（2）华苑小区供水管网分为高低压供水，其中，1～3楼为低压区，直接由市政压力直供，经华苑小区水电工反应，小区1～3楼水管经常出现异响，且夜间易出现异响。

序号	月份	满京华工地用水量 (m³)	华苑小区用水量 (m³)	华苑、工地合计用水量 (m³)	翠湖花园（5-11栋）215户用水量 (m³)
1	1月	1820	409	2229	7723
2	2月	1326	356	1682	6099
3	3月	1888	338	2226	7592
4	4月	2132	817	2949	8366
5	5月	2519	872	3391	9581
6	6月	3932	941	4873	10915
7	7月	3478	1238	4716	9928
8	8月	3811	1468	5279	10645
9	9月	4058	1203	5261	11393
10	10月	3829	1379	5208	10856

图4.1.1-1 翠湖花园小区、华苑小区、满京华工地用水量

图4.1.1-2 现场勘测

有时连续异响2～3个小时，频率大概是半分钟到2分钟左右响一次，有时连续异响半个小时，频率大概一分钟一次。

（3）经翠湖花园小区居民反映，水表非正常旋转转速最快的时间为夜间，平时用水时水压不稳定，且有气体喷出。

（4）现场踏勘过程中发现，原本翠湖花园5～8栋表后是由两条DN20不锈钢管分别接通厨房和卫生间进行供水的，但有些用户后期装修改造后，改为单用一根给水管供水，另一根在其阳台处封堵。现场打开封堵的管道后，喷出大量的气体。

根据现场踏勘情况，初步判断可能存在以下几种情况：

（1）满京华工地及华苑小区用水量大，存在与翠湖花园5～11栋抢水，导致片区供水压力不稳定，表前表后水压波动较大，影响水表计量。

（2）满京华工地、华苑小区用水均由浮球阀控制，其不定时开启或关闭易导致水

锤问题，直接导致华苑小区供水管网异响及影响水表计量。

（3）管道可能存在较多气体影响水表计量。

为进一步分析，根据初步判断情况，进行了以下两块校核试验：

（1）现场进行三组对比试验

1）安装有排气阀分水器的表柱与未安装的进行对比

对比结果：安装有排气阀的表柱与未安装排气阀的表柱的情况基本一致，仍存在水表旋翼异常旋转的情况，转速及频率基本类似。

2）排放室外消防栓前后情况的对比

对比结果：室外消防栓排放前后的水表异常旋转情况基本一致，转速及频率基本类似。

3）安装有止回阀的水表与未安装的进行对比

对比结果：存在异常旋转的水表安装止回阀后，水表并未发现倒转，但止回阀持续发出阀瓣击的金属声，未安装止回阀的水表依旧出现异常旋转。

经协调华苑小区及满京华工地，于11月1日18:00～22:30关闭其阀门，进行分析校核试验，具体现场情况如下：

（1）关闭阀门前（17:45）：翠湖花园用户水表存在正反转情况，且正反转圈数不一致。

（2）关闭阀门后（18:15）：翠湖花园用户水表仍存在正反转，且正反转圈数不一致，但转速较此前有所减缓。

（3）关闭阀门后（19:45）：翠湖花园用户水表仍存在正反转，但正反转圈数基本接近一致，且转速较此前更加缓慢些。

（4）开启阀门后（20:05）：满京华工地、华苑小区蓄水池开始进行大量补水，此时翠湖花园用户水表出现剧烈正反转，正反转圈数完全不一致，且正转圈数明显多于反转。

（5）开启阀门后（20:30）：翠湖花园用户水表仍剧烈正反转，正反转圈数完全不一致，且正转圈数明显多于反转，但转速较刚开启阀门时有所减缓。

（6）20:30～22:30期间进行第二次试验，步骤程序与第一次试验相同，发现其情况与上组试验情况相似。

经校核试验，发现与初步判断的第一、二种原因吻合。针对初步判断的第二种情况，为解决浮球阀导致的水锤现象，首先在满京华工地及华苑小区总表位置加装止回阀、排气阀（图4.1.1-3），并建议华苑住宅小区在浮球阀附近加装水锤消除器。

图4.1.1-3　加装止回阀、排气阀

为解决初步判断的第一种情况，根据编号《常用小型仪表及特种阀门选用安装》01SS105的标准图集第七页第九条"当水表可能发生反转时，应在水表后设止回阀"的说明，集团公司首先在翠湖花园5～11栋的水表后加装止回阀，防止水表倒转。

为彻底解决翠湖花园供水压力波动较大对水表的影响，在前面两处措施的基础上，将满京华工地及华苑小区重新从更大管径的供水管道上取水，以减少其对影响翠湖花园5～11栋供水管道（$de110$）片区的影响。

经上述改造后，原旋翼异常旋转的水表旋转正常，水量计量正常。

2. 原因分析

（1）翠湖花园原先是采用表后两路爬墙管供水，部分用户装修改造后，将其中一路供水管道预留并封堵，新建的管道与现状管道连通或停水时，被封堵的一路管道进入空气且无法排出，影响供水稳定性。

（2）翠湖花园附近有两个新建小区，且满京华工地及华苑小区新增用水量大，开口的主管径较小，存在抢水问题，片区供水压力不稳定，影响水表计量。同时满京华工地、华苑小区用水均由浮球阀控制，其浮动区间较小，启闭频繁，易导致水锤问题，影响供水稳定性。

（3）水表反转原因是水表两端连接的管道都有一定量固定的高压水。当市政管网压力升高时，表后管中的自来水或空气体积会因压力增加而缩小，此时就会有微量的水通过水表，产生正转；当压力降低时，表后管中被压缩的水或空气因压力降低而膨胀，会有微量的水反流通过水表，水表产生反转。机械表在进水时是下进上出，推动叶轮正转，而倒过来时是上进下出，推动叶轮反转，虽然两头进水量相同，但两向进水所受的阻力不同，反映在水表上的读数相差较大。

（4）管道压力波动较大，原水表组未加装止回阀，水表易受压力波动影响，加装止回阀后可以起到阻止水表倒流的作用。在市政压力升高大于表后管中压力时，水被压缩，水表产生正向转动；当市政压力降低小于表后管中压力时，止回阀自动关闭，水表不会倒转，当市政压力再次升高时，只要压力不高于止回阀后管中的压力，水表就不会转动。

3. 总结提高

（1）在供水管道新增用水点需开口接驳审批时，应考虑拟开口主管供水的富余量以及开口支管的用水量，避免因新增开口导致原供水管道供水量不足，导致管网压力波动较大。

（2）当原有用户的用水量增长较大时，应复核其供水管道的富余量，避免出现供水不足或抢水的情况。

（3）当新增用户时，因加强对其供水设施的审核，避免因其浮球阀频繁启动导致水锤影响供水稳定性。

（4）当水表可能发生反转时，应在水表后设止回阀。

4.1.2　水务科技实现远传水表自动抄读典型案例

1. 成果概述

随着高层小区接收业务开展，完成水表抄表到户，某公司在信息中心、客服中心领导下，从2018年4月开始，承建智能水表数据管理平台。于2019年2月从平台推送数据到客户服务系统（UCIS），实现远传水表自动抄读，为最终实现全市远传水表自动抄读打下了良好基础。

远传水表自动抄读实现后对于公司生产绩效的提升有着显著的效果：

（1）减少人工抄表工作量，节约人工成本；

（2）提升抄表及时率、准确率；

（3）数据采集时间点增多，可用于分析，及时发现异常。

2. 具体方法

（1）需求调研

由客服中心提出要求，该公司结合日常水表抄读现状和系统现况，制定初步方案，同各单位开会讨论远传水表自动抄读详细需求，最终确定了以下两方面内容：

一是技术上，远传水表采用接口API方式，将数据通过接口推送到UCIS，UCIS的用户、水表等基础数据需与智能水表平台数据同步。

二是业务上，制定详细的业务细节：每天晚上11:00推送数据，当天数据推送失败，使用前一后二的规则继续推送；远传抄读水表不再通过抄表器抄表，设置远传抄读的水表自动从线路移出，避免生成待抄数据，重复抄读；数据进入UCIS后，需做波动报警检查分析，及时发现异常数据。

每次会议都有会议纪要，经过几次讨论，敲定需求后，形成需求说明书。

（2）功能实现

1）远传水表推送接口

设计表结构，记录每笔推送数据的抄表行度、抄表时间。接口采用最流行API接口技术，把接收的远传数据经过业务逻辑转换，结合水表上次行度、上次抄表时间，计算出水量和用水天数，组装成抄表数据。并作业务逻辑判断，过滤掉停用水表及非单月抄表数据，最后存储到UCIS的抄表数据。

2）完善UCIS功能，增加水表远程抄读开关

并不是所有远传水表都要推送数据到UCIS，因此在水表界面上增加"是否远传计费"和"推送日"属性。只有远传计费开关打开后，远传数据才会在推送日将数据推送过来（见图4.1.2-1）。

设置远传计费后属性后，水表自动从抄表线路移出，不再通过人工抄读。

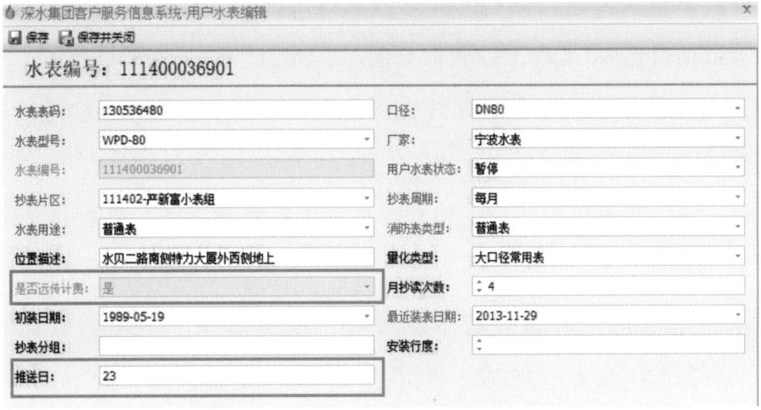

图4.1.2-1 远传数据推送设置界面

3）计划任务数据推送

智能水表数据管理平台，使用window计划任务，每天23:00定时读取需要远传水表，将当天水表的抄读行度和时间通过远传水表推送接口推送给UCIS，详细推送成功、失败日志。对推送失败，使用"前一后二"规则补推。

4）波动报警检查分析，及时发现异常数据

远传设备有可能存在故障或问题，导致推送行度不准确，通过抄表数据检查，可以很好将报警、波动较大的异常过滤出来，供操作人员参考判断，第一时间发现问题并修正，保证抄表数据准确性（见图4.1.2-2）。

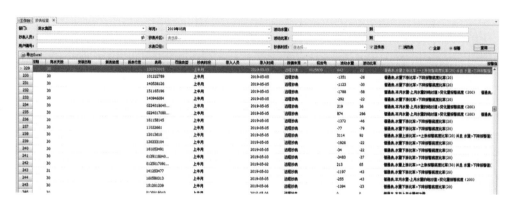

图4.1.2-2　波动报警列表

具体异常情况有：

① 多次抄读

虽然远程抄读属性开启后，水表从抄表线路移出，但有些抄表员为了核对数据，重新排进线路，到现场检查数据，并将抄表数据传回；远传平台由于各种原因，在推送日未见抄读数据推送到UCIS，抄表员查漏后，通过抄表录入抄读行度。"前一后二"的推送规则，远传平台在推送日未推送成功的水表，第二、三天还会继续推送，此时就会引起多次抄读。

解决措施：通过抄表数据功能，检查出重复抄读数据，将不要的数据删除。

② 监察数据异常。

通过抄表检查功能，分析每块水表日均用水量的波动水量和波动率，过滤出报警数据。也可结合业务、经验、季节性原因，指定波动范围，实时检查数据异常。

解决措施：发现波动较大的数据，需抄表员到现场检查，如果确实有异常数据，需通过手工录入，把数据行度修正，并通知厂家处理相关事情。

③ 现场抄读抽查。

通过一定比率抽查远传水表，与系统比较来发现异常。

解决措施：需通过手工录入，把数据行度修正，并通知厂家处理相关事情。

（2）提供工作效率、释放人力

通过远程自动抄读，提高工作效率和数据准确性，释放出更多人力，将抄表员安排于高层接收、抄表到户工作中。

（3）后期计划

推动全市水表实现远传，增加每天、每周数据查看分析功能，系统自动发送异常数据短信。逐步减少抄表员、循序渐进地达到运行无人抄表目标。

开发移动端APP软件，增加数据查询、异常浏览、派工单等功能，并能与外业对接，厂家可根据权限，读取到相应数据，方便现场维修管理。

3. 借鉴意义

上述工作对减少抄表人员数量，节省人力成本，提高抄读准确性可作借鉴，并且对于液位检测等其他远传设备，可作参考作用。

该平台除了在固定时间推送抄读行度，还可以采用主动方式跟水表"要"数据，通过平台发送指令，唤醒NB水表发送行度。

用户报停，抄表员是可以不需要到现场的。只需要通过平台发送指令与NB水表通信，将数据送到平台，计费后用户缴费，即可报停。整个过程不需要人员到现场，完全可以由系统控制，既提高了效率，减少人员参与成本，还保证了数据准确性，提高客户满意度。

周期换表是一项工作量很大的常规工作。需要抄表员两次抄表，而且需要维修工配合。抄表员抄第一次表后，维修工拆下旧表，换上新表，抄表员再进行第二次抄表。通过智能水表平台，可以实现指令远传抄表度，抄表员的两次抄表由系统代替，并且在第一次抄表后，才生成工单到维修工，减少人力资源浪费，避免人为出错。

远传水表其实是远传设备的一种，液位检测等可以采用远传设备技术，实现远传传送数据，对每日波动情况、异常数据等实时监测、预警。

4.1.3 公司高层居民小区抄表到户实施流程模式

1. 成果概述

2018年，集团公司下达了各区域公司抄表到户工作计划，某分公司计划接收27500户。为圆满完成抄表到户工作任务，该分公司各部室充分调动资源，投入大量的人力、物力。通过实施"制定接收工作方案、梳理中间层用户、现场勘察协商（包括验收、商谈、签订协议）、组织接收、正式抄表计费、后续运营管理"等接收流程，紧抓各阶段进展落实情况，有效地营造起"上下共重视、全员齐参与"的良好氛围，促使接收工作有序、高效地开展。经过半年的努力，该公司保质超量地完成28133户接收工作。

2. 具体方法

（1）制定接收工作方案

该公司结合实际情况，制定接收工作方案。明确了接收范围、接收类型、接收要求、各水务所接收任务、各阶段进展以及各部室的工作职责。

（2）梳理中间层用户

结合"三供一业"、新建居民住宅小区、优质饮用水改造小区、基础小区，公司水务所详细梳理中间层用户，列明可接收小区数（统计户数），制定月度接收计划，并按月执行落实（见图4.1.3-1）。

（3）勘察、验收、商谈、签订协议

1）优饮改造小区及基础小区

水务所牵头组织验收，勘察小区现场管网、水表、二供（水池）等设施运行情况，经营管理部负责审批。符合接收要求，水务所与用户洽谈并签订移交协议，开展后续接收工作。

2）新建居民住宅小区

新建居民住宅小区在办理施工用水时，经营管理部核准工程师应提前告知用户接收事项、接收要求。在用户办理正式用水时，经营管理部组织水务所共同验收，完成水表审批工作。水务所与用户签订移交协议，开展后续接收工作。

（4）组织接收

水务所确定该小区的抄表员，开展宣传（可进驻小区）、收集用户信息、建档入库、抄录水表底度等前期接收工作，为后续实施抄表计费做基础准备（见图4.1.3-2）。

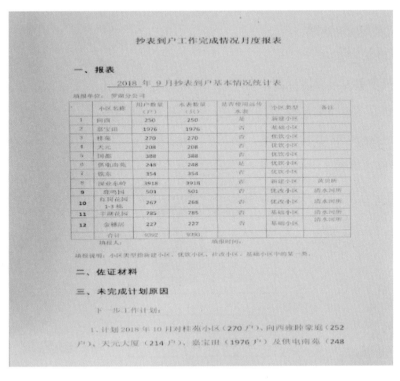

图4.1.3-1　月度报表

图4.1.3-2　现场宣传、接收资料等前期工作

（5）正式抄表计费

在正式抄读水表计算水费前，公司通过温馨提示张贴或在各家门口投放温馨提示

等方式提前告知用户正式抄读水表及计费时间等具体事项，避免用户不知情而引发投诉。同时，该措施也相应地提高当期的水费回收率。抄表过程遇到的问题，按《供水营销制度》相关规定处理。

（6）后续运营管理

1）进一步完善用户信息；

2）对划款不成功或未缴费的用户进行派单或电话催缴；

3）全面履行供排水服务承诺，提高客户满意度。

（7）接收流程图（图4.1.3-3）

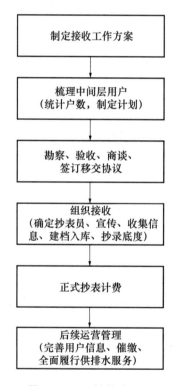

图4.1.3-3　接收流程图

3. 借鉴意义

（1）在接收过程中，水务所应充分与管理处沟通、协商具体的接收事项，可利用管理处的资源及优势，推进接收工作。

1）管理处移交意愿强，积极配合的。

① 可印刷一批宣传单，让管理处帮忙张贴，做好各家各户的宣传通知工作。

② 提供电子表格，让管理处工作人员进行住户信息采集，如采集户名、房号、水

表表码、口径、联系电话等信息。

③ 管理处收集整理住户签订的《委托银行代收款协议书》及《深圳市城市供（排）水合同》等资料。

④ 水务所收取电子表格信息及协议、合同，批量建立居民户档案形成基础库。

⑤ 确定抄表周期及正式抄表计费时间，与管理处交接，共同到现场抄录水表底度。

2）管理处愿意移交，但配合度不高。

公司应主动推进，避免信息收集不全，被动接收。

① 可通过宣传单、温馨提示等张贴、投放在各家门口的方式告知用户。

② 可进场驻点宣传办理业务，收集用户信息，现场签订《委托银行代收款协议书》及《深圳市城市供（排）水合同》。

（2）为进一步推进接收工作，针对新建居民住宅小区工程、优质饮用水改造工程，在验收过程中，如发现一些需整改的问题，水务所应督促施工单位在移交过渡期内解决。需工程整改的，水务所按照公司制定的规定立项改造解决。

（3）根据集团公司系统设置，银行第一次划款后，系统只针对短信发送不成功的用户提供纸质的催缴通知单。为提高客户满意度，及时回收水费，集团公司向信息中心及水务科技公司（开天源）提出纸质催缴通知单打印及派送需求。建议系统增加第一次划款不成功也能打印纸质催缴通知单的功能，不再局限于短信通知不成功的用户，避免因通知不到位而停水的事件发生。

4.1.4 联合追缴欠费模式

1. 成果概述

2016年10月20日，集团分公司成功追回长排村2013年起拖欠的水费155万元。

长排村位于龙岗和罗湖两区之间的插花地，居民约6000户，由深圳市长居安物业管理有限公司负责小区物业管理并向集团公司交纳水费（含污水处理费及垃圾处理费）。

2013年，长排村绝大部分业主因物业管理单位高价售卖自来水、服务不到位等原因，多次与物业管理单位发生纠纷，拒绝向物业管理单位交纳水费等相关费用，致使管理处从2013年12月开始拖欠集团公司水费。为维护长排村的稳定，防止业主与物业管理单位的矛盾进一步激化，集团公司未采取停水措施，试图通过与物业管理单位沟通解决欠费问题，但收效甚微，导致欠费越来越多。

面对这棘手问题，集团分公司在2016年初召开长排村追缴欠费专项会议，结合营销的工作情况，制定了追缴实施方案。通过全员努力，成功追回了长排村的长期欠费。

2. 具体方法

（1）完善组织架构，优化追缴流程

1）加强组织领导，统一协同行动。为提高管理效能，集团分公司从提升欠费管控的精细化入手，成立两级追欠架构，一是由水务所所长挂帅，与职能部门共同构建追欠小组，将分管营销部长设为追欠第一责任人。二是以营销部为主力导向，其他部室协同行动。进行了周密部署和安排，设计出了追缴欠费的管理流程。

2）水务所对欠费催缴工作精耕细作，形成周报及月度例会制度，针对追缴过程中出现的问题进行交流，督促、推动工作真正落实（见图4.1.4-1）。

（2）创新追缴模式，定计划、盯目标，联合追缴。

1）水务所营销部对长排村欠费属性进行分析，包括村内大用户情况、欠费金额、账龄、催缴难易程度等，制定了切实可行的催缴计划。在工作上大胆创新模式，采用"盯人"战术，及时反映情况，与街道办负责人定期保持联系的方式，建立有效的沟通渠道。通过与街道办负责人紧密的联系，营销部时刻关注到事态的发展，必要时采取相应措施（见图4.1.4-2）。

图4.1.4-1　月度例会　　　　　图4.1.4-2　政府会议

2）在区政府的支持下，组织成立供电、供水、社区工作站联合小组，集团分公司在营业厅设置了专门的临时窗口，水务所营销部、维修部、综合部及分公司营业厅采取联合、机动、分工措施。副所长负责劝导村内重点欠费单位交费，维修部、综合部及营业厅积极协助，纷纷抽调人员，安排专人负责登记、收费、开票，轮流"上岗"，实行无缝衔接的分工配合，形成合力，共同清欠（图4.1.4-3）。

3. 借鉴意义

集团分公司在营销管理方面上不断创新，改变以前单一追费模式，走因地制宜的路子，在追缴欠费工作中实行以政府为主导，并与供电局强强联合，以机动、分工的措施，用实劲，出实招，提高工作效率，成功追回了2013年以来难以追回的长期欠费，其追缴欠费的手段和方式对追收历史欠费工作的开展有借鉴意义。

图4.1.4-3 轮流"上岗"清欠费

4.1.5 通过水量分析，查处违章用水

1. 成果概述

某公司工作人员在对观澜黎光新围片区客户用水核查过程中，发现水量异常，立即开始前往检查，经过艰难排查，确定为违章私接水管用水，最终成功追回了违章水费5.5万元。

2. 具体方法

（1）从水量分析中发现问题

2015年6月17日，某公司工作人员在对观澜黎光新围片区客户用水核查过程中发现黎光新围某栋7层建筑，每层约240m²，且有人居住，但用户2015年1月至6月用水量为0，其他月份用水量偏少，不符合该楼房的正常用水情况。

经调出该用户历史用水情况分析发现，该建筑于2010年1月份建好并入住使用，收费系统记录显示从2010年只有9月份用水量为149m³，其他月份水量基本为0，于是怀疑有偷盗水情况。

（2）现场检查发现暗管

向用户了解情况时，用户坚称使用井水，现场取水化验结果确定为自来水，经业主同意后，在现场进行开挖（图4.1.5-1），发现在水表前的公共管道上私接了暗管至该栋（图4.1.5-2、图4.1.5-3），属于盗用自来水行为。于是该公司工作人员立即向用户告知《深圳经济特区城市供水用水条例》及公司的相关规定，并对用户下达了违章用水通知书，要求立即采取措施整改并追收补缴水费：按每层6套房，每套房每月6m³水计算2010年1月至今的补缴水费：66×6×6×7=16632m³，16632m³×3.35元=55717.2元。

经多次沟通，且有现场照片等证据情况下，用户仍态度恶劣，不承认违章用水，还向政府部门投诉。该公司及时向相关部门汇报并得到了支持，由龙华新区执法局牵头，协同福城街道办、黎光社区工作站及该公司到达现场和客户进行调解，最终追回违章水费55717.2元。

图4.1.5-1　开挖现场

图4.1.5-2　暗管接口处

图4.1.5-3　表前管私接暗管

3. 借鉴意义

违章用水隐蔽性强，发现和查处难度大，尤其是与井水混用的地方更难分辩，该公司能够通过用水量分析来判断，并且能果断现场查处，并得到政府部门协助，解决了私装水管偷水事件，对于违章查处工作的开展具有借鉴意义。

4.2 产销差管理

4.2.1 南山村"小区DMA计量分区建设+巷道管网改造"漏损控制

1. 成果概述

南山村现有居民1782户，供水面积约0.85km²，由于巷道错综复杂，且供水管道服役时间较长（长达三十余年），故管道暗漏严重，采取常规探漏及修复手段已难以有效控制漏损。2016年，集团公司对南山村供水管道改造工程开展专项评估，预估改造费用高达2700余万元，因此导致该片区供水管道改造工程暂时搁置。但近两年南山村的探漏单数、维修单数、压力及水质投诉单数均在南山辖区"名列前茅"，相关统计数据见表4.2.1-1：

近两年探漏、漏水维修、压力及水质投诉情况　　　　　　表 4.2.1-1

探漏及修复情况		管道漏水维修		水质投诉（单）	水压投诉（单）
探漏点数（处）	探漏及修复水量（m³/h）	派工单数（单）	修复水量（m³/h）		
91	195.8	102	344.2	10	68

注：统计区间为2017年8月～2018年7月。

2018年初，集团公司为彻底解决南山村漏损问题，针对性开展小区DMA计量分区建设和对漏损严重的巷道实施局部改造。据统计，该村巷道管改造长度1507m，废除老旧管道1465m，工程改造费用124.57万元，相比2016年改造方案，节省资金约2600余万元。另外，该村于6月份完成小区DMA计量分区建设，及时跟踪漏损突发情况；同年完成20处给水管道改造。截至2018年12月，南山村（含南园村、北头村）漏损率下降至5.57%。

2. 具体方法

2018年，集团公司根据南山村管道漏损等现场实际情况，主要采用以下几方面控制措施：

（1）小区DMA计量分区建设

经勘查，南山村与北头村、南园村相邻且边界不明晰。而且，三个城中村共四路进水口，村内的供水管网相互连通、错综复杂。

为建立小区DMA计量分区以保障南山村漏损可及时跟踪，首先开展关阀零压测试，仔细复核供水边界，同时确定对照表安装位置和型号（见图4.2.1-1）。然后利用集团公司智能水表数据管理平台中对照表在线监控分时数据结合客户服务信息系统（UCIS）水量数据比对分析，评估该DMA区域计量的管网运行状况。

图4.2.1-1　南山村对照表处已安装电磁水表

（2）巷道管网改造工程

依据各巷道管网的探漏和维修统计数据，制定改造方案和优先级次序。同时对难以施工区域部分制定专项方案，以保证改造工程进度，确保巷道管网改造顺利完成（见图4.2.1-2）。

3. 借鉴意义

南山村采取"小区DMA计量分区建设+巷道管网改造"的工作模式，双"管"齐下，不仅很大程度上节约了管网改造费用，而且有效地控制了漏损，其主要意义体现在以下两个方面：

（1）小区DMA计量分区建设采用"化大为小、分区计量"的重要方法，可实现小区漏水水平精准评估，及时跟踪和发现漏水点，优先进行漏点探测，以实现水资源的高效利用。

（2）依据探漏和维修等工作数据，因地制宜，对城中村局部巷道管网实施改造，具有工期短、见效快、目标性强等优势，有效地解决了城中村供水水质、汛期内涝等常见问题。

图4.2.1-2　南山村某巷道改造前后对比图

4.2.2　石龙仔老村小区DMA计量分区漏损控制案例

1. 成果概述

小区DMA计量分区是漏损控制的基础手段，而客服部门、管网部门和营业中心又是漏损控制工作的核心部门，本节将以石龙仔老村为案例，探讨加强客服部门、管网部门、营业中心联动结合小区DMA计量分区和信息化手段开展漏损控制工作的方法。

2. 具体方法

（1）项目背景

石龙仔老村位于石龙旧村路附近，该区域两路独立供水。其中，DN200口径的对照表在石龙大道与石龙旧村路交叉口位置，DN150口径的对照表在石龙旧村路鸿都百货位置，如图4.2.2-1、图4.2.2-2所示：

根据抄表资料数据，石龙仔老村共173户，2月份供水量20308m³，抄收水量为14863m³，漏损率高达26.81%，该区域为商居混合小区，以居民用户为主，临街为商铺。

（2）漏损分析2018年3月18日，石龙仔老村的夜间最小流量约为19.122m³/h（见图4.2.2-3），日供水量约800m³（日平均流量约为33.33m³/h），最小夜间流量/日平均流量约为56.9%，属于A类（40%以上）较差水平。

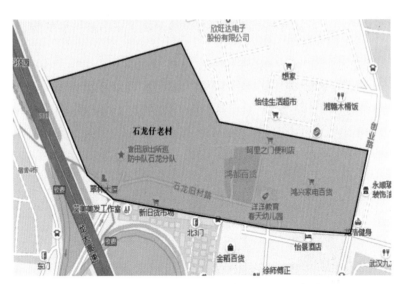

图4.2.2-1　石龙仔老村区域位置示意图

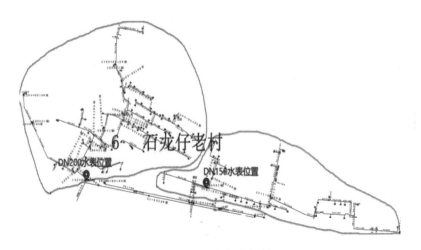

图4.2.2-2　石龙仔老村管网

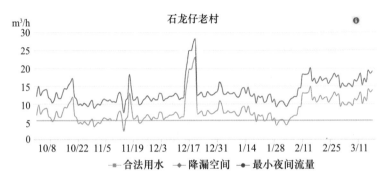

图4.2.2-3　石龙仔老村夜间最小流量曲线

根据1号对照表在线监控的分时流量数据（见图4.2.2-4）分析，1号对照表区域在2018年12月14日产生漏点并在2018年12月21日修复完成，而且一直维持在正常水平范围，2019年3月8日对照表用水曲线逐渐上升，说明1号对照表区域管网可能产生新漏点并且逐渐恶化。

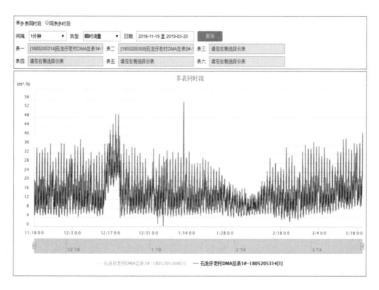

图4.2.2-4 石龙仔老村1号对照表瞬时流量曲线

根据2号对照表在线监控的分时流量数据（见图4.2.2-5）分析，2号对照表在春节后的用水曲线明显高于春节前的用水曲线，因此断定2号对照表区域管网于2018年12月30日左右可能产生新漏点。

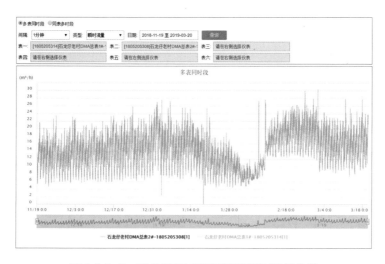

图4.2.2-5 石龙仔老村2号对照表瞬时流量曲线

（3）关阀试验确定管网漏点位置

根据数据分析初步判定该小区存在新增管网漏损，为缩小漏损范围，以便更加精准实施探漏，为此开展关阀试验。

首先，根据小区管网和阀门的分布，将该小区分为10个区域，将主要阀门编号为F1-F14，如图4.2.2-6所示：

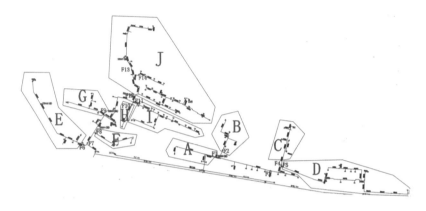

图4.2.2-6　划分区域和阀门的分布情况

其次，管网运营部部门人员对区域内的阀门状况进行排查（见图4.2.2-7）。供水所部门人员提前到联系该小区物业将要使用阀门的作业空间。

最终，石龙仔老村的关阀实验分1（A、B、C、D）和2（E、F、G、H、I、J）两个片区进行（见图4.2.2-6）。

关阀试验第一轮：依次关闭F1、F2、F4、F5阀门10min，停止1片区（A、B、C、D）供水，观察和记录2号对照表关阀前后的流量变化情况。

关阀试验第二轮：依次关闭F6、F8、F9、F10、F11、F12阀门10min，停止2片区（E、F、G、H、I、J）供水，观察和记录1号对照表关阀前后的流量变化情况。

最终，在关闭F10阀门时，数据发生变化，管网运营部部门工作人员随即巡查管线发现漏点（见图4.4.2-8）。

3. 借鉴意义

通过对高漏耗DMA小区的降漏治理，以降产工作为抓手，提升了各项工作的精细化管理水平，具体体现在以下两个方面：一是，加强了部门联动机制的运行，在降漏工作上从数据分析入手，客户服务部分析数据后发现异常立即通知相关部门，并与供水管理所、管网运营部共同查找原因，各司其职，提高了工作效率的同时形成闭环，为降产工作开通了便利的通道。二是，小区DMA漏损控制工作能够缩小范围，将存在问题的区域在最短时间内通过小分区模式找出来，提高工作效率，起到精准降漏的作用。

图4.2.2-7　现场管网和阀门排查

图4.2.2-8　漏点

4.2.3　旧改城中村严控管网漏损的典型案例

1. 成果概述

产销差率是供水企业运行效益的重要指标，漏损控制是降低产销差率的主要工作方向。

罗湖区湖贝村旧改项目地处罗湖的核心位置（包括罗湖老区委及周边片区），南至深南中路，北至中兴路，东至文锦中路，西至东门中路，总用地面积40万m²，规划建筑面积近200万m²。因旧改拆迁周期长、拆迁进度不一致，形成大面积用户已拆迁，极个别钉子户不搬迁的局面，为保障钉子户用水，原旧村管网无法整体废除，而且施工引起的土层震动加速了老化管道的漏损，直接导致该区域供水管网漏损显著加剧，漏耗投诉每月增加20单。

为此，决定采用废除该区域整片旧管网，为极个别钉子户单独铺设管道供水的方案。此方案有效控制了该区域管网漏损，旧改城中村供水管漏耗投诉降至3单/月，通过及时废除旧管，减少供水漏耗140m³/h。按城中村的用水单价2.3元/m³计算，一年可节约供水成本202余万元，接通临时管仅花费10万元，该城中村供水经营成本直接减少192万元。

2. 具体方法

（1）施工方案

为配合湖贝村拆迁工作进度，防止拆迁施工对该水司供水设施造成破坏，决定废除湖贝村整片管网，新建供水临时管道，分别为湖贝东坊、湖贝西坊、湖贝北坊、湖贝南坊制定管网临时迁改方案。

1）湖贝东坊，由北坊东坊交界处$DN200$给水管道供水，新建临时$DN100$管道与旧管碰通，保证欢乐园宿舍和部分南坊通水。其中新建临时$DN65$（塑料管）管道供给2栋钉子户楼用水（见图4.2.3-1）。

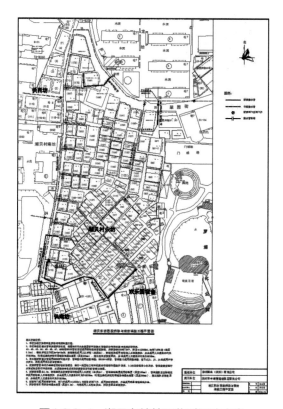

图4.2.3-1 湖贝东坊管网临时迁改方案

2）湖贝北坊，由3条市政给水管道供水。两路由中兴路引入，一路位于翠园南街，一路位于供电局宿舍门口，一路位于西坊北坊交界处。因靠近西坊处尚存几户钉子户，决定近西坊主管道新建临时管道供水。位于供电局宿舍主管道考虑废除，其中金家市场暂不拆迁，为保证用水，设计由中心路供电宿舍门口铺设$DN200$主管道至金家小区内部围墙，与金家现状管网碰通（见图4.2.3-2）。

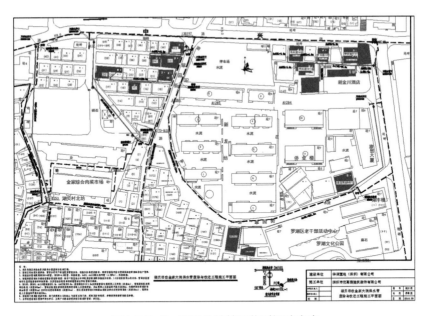

图4.2.3-2 湖贝北坊管网临时迁改方案

3）湖贝西坊，目前由兴湖路DN400给水管，西坊北坊交界处DN200给水管供水，因该区域存在钉子户，需新建临时管供水。其中丰园小区因未在现阶段拆迁范围，为维持现状供水及保证消防安全，设计将由禾塘街现状DN200管及由南坊迁改完后三岔路口处DN150管开口，与丰园小区内部管网连通（见图4.2.3-3、图4.2.3-4）。

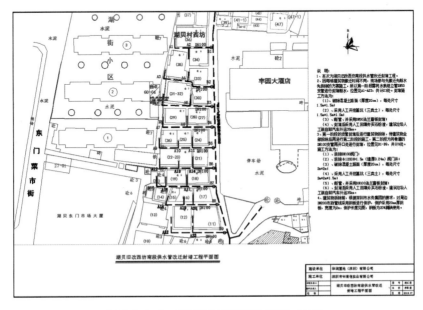

图4.2.3-3 湖贝西坊管网临时迁改方案1

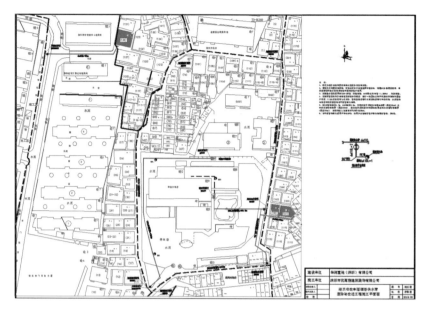

图4.2.3-4 湖贝西坊管网临时迁改方案2

4）湖贝南坊，目前设计新建两条DN100主管，一条沿张公祠堂铺设，一条沿湖臻大厦北侧铺设，废除现状管网，现有用户接入此临时管（见图4.2.3-5）。

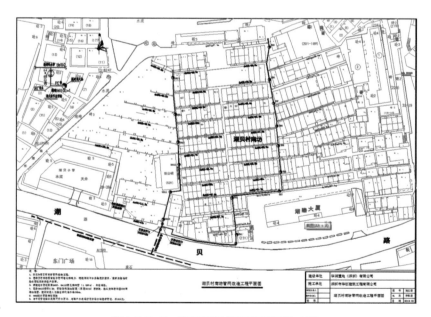

图4.2.3-5 湖贝南坊管网临时迁改方案

（2）拆迁过程的漏损控制

在城中村旧改过程中，为避免拆迁对供水设施的破坏，最大限度降低管网漏损，主动与开发商深入沟通，提供GIS管线图纸，及时摸清用户搬迁进度，针对性制定关阀停水方案和临时管铺设方案（见图4.2.3-6）。

图4.2.3-6　铺设临时管保障钉子户用水

3. 借鉴意义

罗湖区湖贝村旧改项目管网漏损控制的借鉴意义主要体现在以下几个方面：

（1）拆迁动工前，供水企业应及时与开发商签署管网保护协议，尽量避免施工造成的管网漏损，同时要求开发商及时反馈旧改拆迁对供水管道的破坏，便于供水企业及时维修处理。

（2）拆迁动工前，供水企业应及时和城中村、开发商沟通了解拆迁计划，便于针对性制定管网迁改、铺设方案，有效减少管网漏损。

（3）因城中村拆迁工作不可避免存在纠纷问题，供水设施会受到人为性质的破坏，例如偷取水表阀门，人为破坏现状管网等。供水企业应加强城中村日常巡查，及时处理破坏现场。

（4）梳理城中村供水主干管，对于搬迁率较高的片区，关闭主管阀门停水，废除现状管网，从临近管道接通临时管道保证个别用户正常用水，对于搬迁率较低的片区，主要采取管网保护、查漏补漏方式控制漏损率。

（5）严格把控旧改施工项目各项用水流程，督促开发商全力配合临时用水的管道铺设，选用质量可靠符合技术要求规范的管材等，确保实施完成后达到实效。

4.2.4 盐田区叶屋村小区DMA漏损控制案例分析

1. 成果概述

叶屋村小区位于深圳市盐田区叶屋东街15号，于2018年7月进行了优质饮用水改造工程，之后该小区漏损率出现异常，漏损率范围在－47.07%～－2.26%之间浮动，如图4.2.4-1所示：

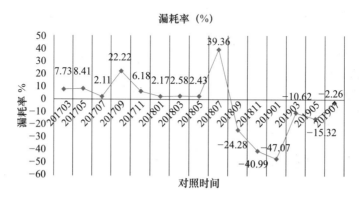

图4.2.4-1 叶屋村近两年漏损率

2019年1月，针对该小区情况，工作人员做了原因分析，初步判定管网闭合关系出了问题，因此，开展了管网关系的零压测试和账册梳理以及水表监控等工作，最后，通过优化，该小区漏损率由原来－47.07%下降至－2.26%。

2. 具体方法

（1）背景介绍

叶屋村小区位于深圳市盐田区叶屋东街15号，对照表数量2只、分表数量269只，月用水量约6000m³，无加压泵房。2018年7月该小区部分区域实施优质饮用水改造工程。

（2）漏损分析

2018年7月，该小区部分区域实施优质饮用水改造工程后，漏损率开始出现异常，随即开展以下工作：

1）零压试验方案制定（见表4.2.4-1）

零压试验方案   表 4.2.4-1

步骤一	按现有管线图及现场管理人员掌握的信息，完全关闭DMA区域范围的进水口及边界阀门
步骤二	关闭进水口和边界阀门后，分别在DMA区域范围内通过开启消防栓进行放水。可同时开启多个消防栓，选择的消防栓位置要均匀分布在小区管网上，保证无死角

续表

步骤三	观察消防栓的出水状况，待消防栓不出水，则闭水试验完成，证明该小区封闭性良好，边界阀门密闭性良好，无其他未知的进（出）水口；该试验时间大约持续半小时至一小时
步骤四	试验结束后，关闭所有消防栓，正常开启现在小区各自的供水管线，正常供水

注：建议在夜间进行闭水试验以降低供水影响，同时提前告知停水信息，消除影响。

2）零压试验方案实施

2019年1月17日（星期四），沙头角水务所漏损控制小组对该小区边界用水情况进行核准后。首先关闭1、2号阀门（见图4.2.4-2），分别在上村、下村、群利综合楼拆表以检查三个区域的用水情况。随后关闭3号阀门（见图4.2.4-2），分别在深沙大楼、群利综合楼拆表以检查两个区域的用水情况。最后，打开1号阀门、关闭2号阀门，检查上村、下村连通情况。

经过零压试验得知，深沙大楼、群利综合楼因优质饮用水改造已不在1号、2号对照表的对照范围内，目前叶屋村两只对照表所对应的分表数量为198只，而且上村片区与下村片区管网也不再相互连通。所以，重新梳理了叶屋村的供水范围：

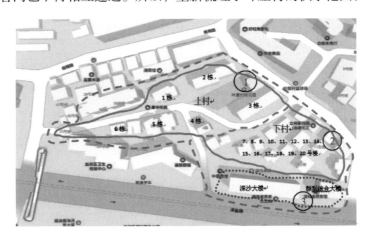

图4.2.4-2 叶屋村平面图

图4.2.4-2中蓝色虚线表示原账册范围、黄色实线表示叶屋村正确的账册范围、黄色虚线表示上村和下村的分界线、红色虚线表示需要从账册剔除的范围。

（3）尚存问题分析及跟踪

零压试验后，该小区DMA漏损率由−47.07%下降至−10.62%，分表水量仍比对照表水量多679m³，说明该小区DMA除分表与对照表关系不对应之外，尚可能存在以下问题：

1）两只对照表为远传在线抄读，分表为人工抄读，存在对照表抄读时间与人工抄读时间不一致的现象，且存在人工抄读误差；

2）对照表服役时间较长，可能存在缓行可能，后续将开展对照表校准予以验证；

3）该小区多路供水，可能存在大表水表倒行的可能；

4）受周边优质饮用水改造工程影响，可能存在未知的供水管道，待后续继续验证。

经过零压试验，可以排除上述第三和第四点，初步判断最有可能的是第二点，2019年5月19日，对两只对照表进行了检查，经清理、更换水表后，2019年7月的漏耗率降到－2.26%。

（4）后续工作分析小结

经过核准对照范围及总表监控管理后，漏耗率明显得到改善，但是分表水量仍比对照表水量多195m³，其原因有以下几点：

1）上月抄表日期是5月9日，总表可能在这之前就存在缓行可能，这195m³有可能是5月9日至5月19日水表缓行产生的；

2）两只对照表为远传在线抄读，分表为人工抄读，存在对照表抄读时间与人工抄读时间不一致的现象，且存在人工抄读误差；

3）1号表也是2013年产的，虽经检查水表运行正常，还是可能存在服役时间较长而缓行。

因此后期工作中，技术人员将更换1号水表，并将避免表观误差，注意降低远传抄读与人工抄读的影响。

3. 借鉴意义

通过本次叶屋村小区DMA漏损控制各项工作的开展，在降低叶屋村漏耗率的同时，对未来DMA漏损管理也具有以下借鉴意义：

（1）管网闭合关系需要动态监管。对于社改、优饮工程等有管网工程改造的小区，及时梳理对照表总分表关系，必要时，根据实地情况，对所辖区域内DMA重新规划。

（2）提高水表计量精准度，减少表观误差。一是减少人为误差，在总分表抄读上，尽量同步，统一在线水表平台，减少人工肉眼因四舍五入导致的误差；二是加强水表计量精准。对照表服役时间较长的应及时更换；DMA对照表更换为双向计量表或在表后增加止回阀防止水表空转或逆流水表倒转现象；对无住户水表空转用户表进行关闭表前闸，保证计量准确。

（3）加强管网管理，减少物理漏损。一是通过在线监控夜间最小流量、根据水量进行总分表分析，及时发现是否有漏水问题，减少漏耗。二是加强管理，防止表前接水等不符合规范的现象。

4.2.5 供水高漏耗区域漏耗分级清单管理案例

1. 成果概述

近年来，深水龙岗通过管网改造，表务管理及DMA建设管理等措施使产销差率大幅下降，但是因管网未及时改造或者施工质量差，片区拆迁、"正本清源"、雨污分流、地铁施工等施工对管网造成破坏等原因仍存在部分片区漏耗较高，直接影响整体产销差率。

高漏耗片区漏损对整体产销差率起决定性的影响，为继续深入控制产销差率，集中有限的资源，精准控耗，深水龙岗适时采用漏耗分级清单管理机制，对漏耗较高片区进行专项管理。经过近一年的专项管理，高漏耗片区漏损率由控耗前的普遍逾20%大部分降低至10%以内，为降低产销差率，提升生产经营效率做出了贡献。

以某月份数据为基础计算高漏耗片区当月产生的经济效益，高漏耗片区共计供水量72.55万m³，若未采取小区DMA漏损控制措施，漏损率仍为年初漏损水平，漏失水量为18.28万m³，按照此月漏失水平，则漏失水量为6.03万m³，节约水量12.24万m³，按水费均价3.41元/m³计算，则当月产生效益41.75万元，若按照该月份效益水平，2018年度此24个高漏耗片区相对于漏损控制措施实施前可产生500.98万元经济效益。计算公式如下：

当月经济效益＝当月供水量×（年初漏损率－当月漏损率）×水费单价

2. 具体方法

（1）摸排清查，建立高漏耗清单

高漏耗片区是指相比较于其他片区，漏耗较高且长期难以控制。在产销差率控制工作中发现两类高漏耗片区，其中一类物理漏损高，维修频繁，漏点数量和维修数量高出其他区域5倍以上；另一类虽然检漏检查出的漏点较少，但是总分表对比发现区域产销差率长期偏高，难以查出原因。通过漏损、维修及产销差数据对比筛选出漏损较高片区作为高漏耗片区加入控耗清单。

在漏耗控制到一定程度后，深水龙岗又适时提出筛选出经过管网改造漏损仍长期停留在5%以上，未经过管网改造，漏损超过10%作为重点控耗区域（见图4.2.5-1）。

图4.2.5-1　控耗员工进行高漏耗片区筛查

（2）采用项目管理模式进行高漏耗片区漏耗管理

建立高漏耗片区的目的是将这部分漏耗较高片区的漏损情况暴露出来，采取漏损策略加以精准控制。在筛选出高漏耗片区后，即完成立项，采用项目管理模式进行漏损管理。

（3）部门联动，一区一控耗目标，一区一责任领导

高漏耗片区实行"一区一目标，一区一责任领导"制进行责任制管理。各分、子公司年初制定切实可行的区域漏耗控制方案，生产、管网、客服各部门联合行动，领导分别挂点高漏耗小区责任领导，主动承担责任，逐一突破，完成清单片区控耗目标（见图4.2.5-2）。

图4.2.5-2 高漏耗片区漏耗控制剪影

（4）采取针对性的措施对症下药

在解决高漏耗片区过程中，不局限于某种控耗手段，见山开路，遇水搭桥。各单位主要措施为：

龙城分公司：通过加强在线监控、总分表核对、异常流量数据分析，采取针对性的措施，如封闭旧管处理、废除多余水表，使高漏耗区域管理更加规范。

横岗水司：加强查漏巡查力度，对市政消防栓加强巡查监管，核实社区水表数量，管网图纸核对及总表改造更换，周期分表更换。

平湖水司：查漏工作实行外委和自主查漏相结合，全面普查管道漏水点和管网改造工作。对高漏耗片区采用高精度水表进行了周期水表更换。

坪山水司：全面排查梳理管网及附属设施情况，做好水表基础信息核对，故障表更换，铅封工作；巡查、突查用水量波动异常用户；加强违章用水查处力度。

坑梓水司：借助查违查漏专项行动对高漏耗片区重点排查；加强巡查监管，借助地方优势建立举报平台及奖惩机制。

大鹏新区水司：本月继续组织人员观察夜间最低流量，分析区域表水量、漏损和售水情况；检查区域表和管网闭合情况；加强旧改片区巡查；安装临时给水管，废除旧管。

3. 借鉴意义

根据控耗经验，在实际管理中由于漏损或其他因素影响难免存在一部分片区漏损偏高，漏损严重让控耗工作人员不能安心。高漏耗片区漏损清单管理为继续深入降低产销差提供了一种有效解决方案，并对探索控耗机制提供了借鉴。

以此延伸，按照管网改造情况、单位管长维修及漏损情况，管网受外部影响情况，对全片区进行漏耗等级划分，合理分配控耗资源，有助于企业提升生产效率。

4.3 服务提升

4.3.1 从文体中心水质事件到拓展供水服务范围新思考

1. 事件描述

2018年8月3日，市委领导到南山区文体中心走访发现，聚橙院线建筑内部用水存在异味。接到通知后，某分公司工作人员迅速反应，立即赶赴现场排查，发现聚橙院线建筑内部VIP贵宾室洗手间水龙头出水有疑似塑胶味道。

该分公司联合多方力量摸查给水管线情况，并开展取样调查，结果显示：VIP贵宾室、一楼小卖部、负一楼卫生间三处用水点均存在不同程度的塑胶异味。而文体中心市政总表表前、游泳馆、体育馆等其他建筑内部用水点，并未发现存在异味及其他感官异常。

为进一步弄清水体异味的来源，该分公司水质检测员当天立即采集水样，并送至水质监测站进行化验（见图4.3.1-1）。

2. 原因分析

（1）现场勘查发现，VIP贵宾室、一楼小卖部、负一楼卫生间三处用水为同一路管线供水。该条供水管接出的爬墙PVC立管的三通近日发生爆裂漏水，该建筑管理单位下属工程部在更换三通时新旧管采用粘合剂粘接。经化验检测，这三处用水点的龙头水样中存在PVC粘合剂成分。综合分析与判断：自来水出现异味的原因是此前更换

图4.3.1-1 水质事件发生后完成现场勘察、水质采样工作

三通所用到的PVC粘合剂在管道中的残留所致。

（2）此次水质事件是由总表后用户改管引起的水质嗅味异常。根据《深圳经济特区城市供水用水条例》，集团公司负责表前供水设施（含水表）的运维责任，而用户承担表后供水系统的管理与维护。在这种管理模式下，常常遇到以下问题：

1）部分楼宇表后管管材仍选用非优质饮用水推荐且不属于国家明令禁止的管材；

2）用户表后供水设施建设缺乏统一的规范标准与有力的技术支持；

3）用户缺乏专业知识和技能及健全的应急处理机制，一些表后管突发事件常常得不到及时、有效解决；

4）区政府推进优质饮用水入户改造工程时，仅改至入墙处；而入墙处至水龙头之间的管段维持原状或由用户自行解决，供水设施或施工过程的监管存在空白。

3. 总结提高

（1）学习经验

针对上述问题，该分公司积极学习了某燃气集团及同行水司的服务经验。例如，某燃气集团将气表后至室内阀门处的管段纳入服务范围，同时对室内其余燃气系统推行成本维修服务；济南某水司将供水服务延伸至用户水龙头，24h昼夜服务，同时为全市户表用户提供表内管线检漏、成本维修等服务。

（2）总结建议

结合该分公司管理现状，建议拓展供水服务范围，推行"水表前后一体化管理"模式，开展试点工作，探索新模式下工作流程、人力物力投入等情况，然后在集团公司范围内推广，旨在全面提升深圳城市供水水质和服务水平。具体实施途径如下：

1）积极搭建沟通交流平台（如组织召开用户答谢会等），多方面、全方位地了解用户需求，同时大力宣传政府政策、供排水管网运维基本规范与准则等，着力为用户提供技术支持。

2）建立与完善集团公司"水质全流程管理体系"，加快实现水厂进水到出水、出水到用户水龙头的全过程监管。

3）推行"水表前后一体化管理"

水表前后一体化管理，即实现水表前、水表至用户终端水龙头的全方位管理，对用户表后管道的建设及运维提供有偿服务。这要求强化供水管网的图纸审核及验收，严格把关管材及附属设施选型，全过程监管用户终端水龙头出水水质。现结合实际，根据不同类型小区的特点，具体实施方案如下：

① 新建的居民小区、公共设施及公益场所

与开发商协作，共建优饮标准小区。若用户自行承担入墙后供水设施建设，集团公司应搭建专门的咨询通道，及时为用户提供标准、规范和建议，甚至有偿服务。

② 存量的居民小区、公共设施及公益场所

抄表到户居民小区、公共设施及公益场所（如学校、医院、养老院等）的水质监管责任尽量延伸至水龙头。

③ 优质饮用水改造小区

加强优饮改造小区入墙管至用户终端水龙头的管理，做好有偿服务宣传等相关工作。

4.3.2 启用流动营业厅，打造服务新理念

1. 成果概述

近年来，大力提升客户满意度被列入集团公司的重点工作。按照集团公司的统一安排部署，该分公司自成立后采取了简化服务流程、推广微信服务等一系列举措，着力优化客户体验。

由于该分公司地理位置比较偏远，各水务所行政办公地点分散，用户前往办理业务费时、费力，业务受理效率大大降低。为进一步提升服务质量，保障客户满意度，该分公司大力推行流动营业厅，集中上门办理业务。这既实现了用户办理业务少跑路、"零"跑路，提升了客户满意度，同时又保障各项工作顺利、快速推进，具有重要意义。

　　据悉，流动营业厅具有灵活性高（如办公点选取、受理业务类型、工作人员安排等）、方便快捷、可移动等特点，因此备受好评。2017年8月，原某客服分公司借助流动营业厅顺利完成了全市水价调整工作，其中包含大型城中村抄表到栋房屋合表水价调整工作。目前，借鉴水价调整平稳过渡的成功经验，流动营业厅将继续用于该分公司办理抄表到户、中间层接收、拆迁报停等业务，旨在提升业务办理效率（见图4.3.3-1）。

　　一般而言，流动营业厅可不受时间、地点的局限，做到"穿街走巷，哪里需要哪里去"，很大程度上可节约用户的时间和经济成本。例如，根据市政府规划，未来5年全市需完成133万户居民家庭的供水抄表到户工作，平均每年需实现约27万户抄表到户。为此，集团公司计划投资打造4个流动营业厅，为客户提供上门服务，即每年可为27万户家庭节省前往实体营业厅办理业务的路程时间及交通费用。

　　从2018年至今，该分公司利用移动营业厅，多次上门服务，顺利完成牛成村、后海村及多个居民小区的抄表到户/中间层接收工作（详见表4.3.2-1）。

图4.3.2-1　南山某抄表到户小区流动营业厅现场布置

2018 年至今流动营业厅参与完成的主要工作		表 4.3.2-1
序号	完成业务情况	
1	2018年5月~6月，现场完成牛成村、桃源村二期、万科云城六期拟抄表到户用户的资料收集、银行托收等工作	
2	2018年9月18日，现场完成万科云城小区中间层接收工作	
3	2018年9月18日，现场完成万科云城小区中间层接收工作	

续表

序号	完成业务情况
4	2018年10月10日，为蛇口后海村拟接收中间层现场指导用户签订《委托银行代收款协议书》
5	2018年12月，现场为大涌城市花园、都市花园已接收中间层用户集中办理银行托收合同
6	2019年3月17日，已现场完成朗麓家园小区3800多户居民的供水中间层接收工作
7	2019年3月22日，各水务所利用所世界水日宣传活动，现场为中间层用户办理业务并收集资料
8	2019年5月18日，现场为优改小区蓝漪花园和海欣花园小区用户办理抄表到户手续
9	2019年6月2日，现场为拟抄表到户小区深云村用户现场答疑，协助用户签订《委托银行代收款协议书》
10	2019年6月15日，现场为拟抄表到户小区润府二期用户现场答疑，协助用户签订《委托银行代收款协议书》
11	2019年7月20日，现场为海月花园五期小区用户办理抄表到户手续
12	2019年7月21日，现场为园景园名苑小区用户办理抄表到户手续
13	2019年7月28日，现场为世纪广场小区用户办理抄表到户手续

2. 具体方法

（1）抄表到户/中间层接收（图4.3.2-2）

1）设立片区客服经理，积极与抄表到户小区的物业管理单位建立良好的沟通互动机制，加大抄表到户政策及相关工作的宣传力度，并落实中间层接收、抄表到户等前期准备工作（如现场办公宣传、资料准备及派发、现场办公点的确认等）。

2）现场设点办公，工作人员指导用户填写抄表到户相关资料，针对资料齐全的居民住户一次性办结抄表到户手续，同时过程中加大集团公司供水相关政策、工作流程、对外业务、服务电话、水费收取标准、服务承诺、缴费方式等宣传力度，并向用户普及供水设施设备维护及节水常识、水质安全知识。

图4.3.2-2　南山某小区抄表到户办公现场

（2）拆迁报停

用户需要拆迁报停，仅需致电该分公司进行申报，营业厅工作人员转各水务所相关负责人，实现"一对一"服务。然后预约时间，勘查现场，填写并收取资料，现场结清水费，完成水表临时报停或永久报停等相关操作。

3. 借鉴意义

流动营业厅，是该分公司另一个重要服务窗口。它打破了原有的服务界限，极大地缩短了该分公司与用户的距离。通过简化业务办理流程、集中办理业务等一系列重要举措，实现了用户办理业务少跑路、"零"跑路，为广大用户提供专业、高效、便捷的贴心服务，大力提升了客户满意度。

4.3.3 摄制营业厅示范片案例

1. 成果概述

为了对营业厅实行标准化、规范化和一体化管理，深圳水务集团建立了《营业厅设置与建设规范》、《客户服务规范》和《客户服务业务指引》（以下统称《规范》），从形象外观、服务行为和业务管理等方面对营业厅的日常服务工作提出了具体要求。但由于这些《规范》主要通过文字的形式展现，在实际工作中容易出现窗口服务人员对《规范》内容理解的不同，而造成服务行为的差异。

为了解决以上问题，客户服务中心于2018年组织拍摄了《营业厅规范化服务示范片》，将营业厅的日常管理、窗口服务人员的仪容仪表、服务礼仪、文明用语等标准拍成视频，通过视觉呈现的方式，更直观地展现规范化服务的要求。每一位窗口服务人员通过示范片，均能够系统、清晰地了解营业厅服务整套的行为规范，进一步提升了营业厅的标准化、规范化服务，有效地提升了窗口服务水平。

2. 具体方法

（1）书面语言与视频表现形式

《规范》内容大多属于条款性的文字内容，要将这些条款规定通过视频的形式展现出来，并做到直观易懂，就需要将条款内容通过场景、案例的形式展出来。

（2）演员筛选

营业厅示范片面向的观众是集团公司内部员工，所以选取内部员工作为示范片的演员更具示范效应和亲和力。为了体现窗口服务人员良好的形象和精神面貌，需要从现有窗口服务人员中挑选形象好、气质佳、身高体形相仿并具有一定表演潜质的员工担任演员。

根据脚本设定的场景和案例，与拍摄公司确定参加拍摄的演员数量，在此基础上可以适当增加2名备用人选，以便在出现特殊情况，人员缺位时及时补位。演员在不影响窗口服务工作的前提下优先考虑窗口服务人员，当没有合适人选时可考虑相关岗位人员。

营业厅示范片的人员需经两轮筛选，首先各单位根据身高、体重、形象和男女比例要求，从100多名窗口服务人员中推荐了30多名员工，参与第二轮演员筛选，第二轮由拍摄公司从中选出12名演员。

（3）聘请专业的拍摄公司

专业的事情交给专业的公司来干，这是实践总结的经验。因此，在示范片拍摄工作启动之初，应先选定拍摄公司，让对方在方案制定、视频脚本编制、演员筛选、拍摄制作等方面给予全力支持，起到事半功倍的作用。

拍摄现场花絮如图4.3.3-1所示。

（4）视频脚本编制

图4.3.3-1 拍摄现场花絮

营业厅示范片的脚本相当于影片的剧本，示范片拍的质量好不好，是否能够切合工作实际，脚本起着决定性的作用。因此，在前期准备工作中，其他的项目都可以放手让拍摄公司去做，唯独视频脚本，因涉及集团内部业务内容及规章制度，外部单位是难以完全代劳的。所以在这个环节需要花大力气，对每一个场景、案例、每一句话、每一个词进行仔细斟酌、推敲。例如，场景需符合日常工作流程，案例要具代表性并做到合情合理，用词需符合制度规范要求等。这一步做好了，可以避免后续工作的反复。相反，如果这一前期工作没做扎实，后期如需修改，轻则需要请配音师重新录制旁白配音，重则需要重新补拍视频，造成时间、人力和费用的增加。

（5）拍摄场地选择

营业厅示范片涉及服务环境的规范化管理，因此挑选的拍摄场地需优中选优，符合集团品牌视觉形象要求，以作为全市其他营业厅的参照标准。通过前期调研，综合各方面因素，最终选取了龙岗水务集团的平湖营业厅作为拍摄场地，并在拍摄前改造了部分细节不规范的地方。

3. 借鉴意义

通过这个案例，可以了解客户服务相关宣传片、示范片的拍摄流程和注意事项。经验总结精辟，例如，演员的筛选和培训、视频拍摄、后期制作等工作都可以放手让拍摄公司去做，只需定期沟通，确保按要求按计划推进即可，但视频的脚本需要对每一个案例、每一个场景、每一句话、每一个词进行仔细斟酌推敲，需要内部人员把关好，做好这一步可以避免后续工作的反复，等等。这些实践经验可以帮助准备拍摄相关视频的单位少走弯路，具有现实指导意义。

4.3.4 公众参与自来水直饮活动筹划的案例

1. 成果概述

为全力推进盐田区自来水直饮工作，普及自来水直饮知识，提升公众对自来水直饮品质的信任。集团公司以客户需求为导向，抓住民生关注的饮用水水质、服务保障等问题。自2018年8月起，先后组织开展了"水二代"志愿者自来水直饮宣传、"从源头到龙头"的实地考察、校园小讲堂、客户座谈会、客户业务交流及答谢会等一系列公众活动。与市民面对面交流、互动，宣传自来水直饮认识，搜集市民意见。并根据市民意见及时优化自来水直饮和客户服务工作，持续提升公众对自来水直饮的认知度和认可度（见图4.3.4-1、图4.3.4-2）。

同时，充分利用宣传手册、海报、视频、报刊和网络媒体等，宣传自来水直饮的意义、展示自来水直饮工作推进成果，让广大市民及时了解和切实感受自来水直饮所带来的益处，取得公众理解和支持。进一步扩大了宣传的受众面，为盐田区自来水直饮工作营造了良好的舆论环境。

图4.3.4-1　实地考察活动现场　　　　　图4.3.4-2　校园小讲堂现场

2. 具体方法

（1）创新宣传内容，从客户的角度编制宣传资料

自来水直饮在国内属于新生事物，深圳市盐田区是全国首个推行全区自来水直饮的地区。因此，在编制宣传内容时，难以找到可供参考的资料，需要创造性地开展工作。

在制作宣传资料时要考虑受众群体，此次面向的对象是普通市民，所以宣传内容必须是市民感兴趣的，并做到通俗易懂。因此，需要站在市民的角度，将其转换成容易理解的语言，尽量在文字稿内容审核确定后再委托进行宣传资料的版面布局设计，这有利于降低设计成本和时间。

（2）定制系统方案、明确责任分工

为了达到持续提升公众对自来水直饮的认知度和认可度的目的，需系统地制定持续性的活动方案。盐田区自来水直饮公众参与活动每个月最少举办一次。举办一场公众活动，从活动的策划、组织、实施，一个月的时间往往是不够的，所以有时这个月的活动还没结束，就需着手筹备下个月的活动。为了增加活动的吸引力和趣味性，每次活动的形式和主题不宜重复。因此，每一次活动都要重新策划。从活动的筹划、宣传、报名、场地选择和布置、活动内容的准备及讲解、活动用品的制作或采购、交通及活动路线安排等每一项工作都环环相扣，任何一项工作不到位都将影响整个活动的进度安排。因此需要制定具体的工作方案，明确工作内容、责任分工和进度安排。

（3）活动参与人数有限，需设法扩大活动影响力

现场活动受场地和资源等条件限制，每次参加活动的人数有限，需通过微信公众号、媒体等渠道加大对活动的宣传，增加曝光量。

3. 借鉴意义

（1）进行活动总结，不断提升活动体验

通过制定活动方案，明确分工能够确保整体活动的有效进行，但在细节方面，方案很难考虑得面面俱到。这些未考虑周全的细节，需要在活动开展中，通过了解员工自身感受和收集参加活动人员的反馈，逐步完善。因此，每次活动结束后，有必要组织参与活动的部门和员工进行活动总结，讨论活动过程中发现的不足，并在下次活动中加以改进，不断提升活动体验。

（2）通过媒体宣传报道，扩大活动影响力

举办公众活动的目的，并不仅是让参加活动的市民了解和支持自来水直饮，而是希望通过活动，以点带面，为盐田区自来水直饮工作宣传造势。这就需要在活动开展前，与电视台、纸媒等公众媒体联系，争取公众媒体的现场采访和报道。同时，通过政府和集团公司的微信公众号、网站等新媒体对活动情况进行传播，进一步扩大活动的受众面和影响力。

4.3.5 四免四化，优饮优服——全面提升水务营商环境

1. 成果概述

为深入贯彻落实党的十九大精神，持续优化营商环境，集团公司按照市委市政府关于深化营商环境改革的决策部署，全方位对标先进城市，以提高用户满意度和获得感为目标，自2018年以来，通过加强信息系统建设及信息共享、优化流程设计及内部管理等措施，持续简化、优化用水报装业务流程，先后进行了四轮"获得用水"改革，持续提高办事效率，提升客户体验。

按照集团公司的统一安排部署，深水龙华水务采取了多种渠道受理用水报装，简化办理材料和流程、缩短办理时限，推广业务流转电子化和办理进度透明化等一系列

举措，并从申请免跑腿、开户免填表、水表免费送和抄表免打扰等方面着力优化客户体验。

2. 具体方法

（1）获得用水申请受理

某印刷公司位于观澜大和路。该公司厂区二层，宗地面积4254.3m²，总建筑面积约2215.69m²。

该公司于2019年5月21日通过集团公司客服热线申请正式用水报装。热线工作人员立即通过报装业务信息系统派单给深水龙华水务工程师廖工处理。当日廖工接单后，与客户联系预约次日上门踏勘现场和收取资料。实现用水申请"免跑腿"。

2019年5月22日，工程师廖工按约定时间到达现场，免除客户填写用水项目核准表，收取该公司提供的产权证明材料1件，正式受理客户用水申请报装并踏勘现场。实现开户免填表和材料简化。

为高效完成用水接入，工程师廖工第一时间为该公司确定用水方案。根据定额核定水量，确定安装DN50常用水表1块。从大和路DN100预留口碰口接管，无需穿越道路；工程作业在空置用地上进行，未跨越其他私有财产，无需办理占用、挖掘道路审批及占用绿地行政审批。5月24日，出具用水方案并发出供水合同执行单，一并送达客户手中。

本次用水申请业务符合集团公司免费提供水表优惠条件，为客户免费提供一块DN50水表。由于集团公司推行"抄表免打扰"服务，本次为客户提供的水表为拓安信牌电磁水表，具备水量、水压一体式在线监控功能，实现远程抄读水表，无需上门打扰客户。可及时发现水量、水压异常现象通知客户，或为客户及时解决水压异常情况，提供增值服务。

（2）验收通水

2019年6月6日施工结束后，该公司通知工作人员验收通水。当天，工作人员前往验收，验收通过后当场开阀通水（见图4.3.5-1）。

本次用水报装收取了客户产权证明1件材料。经过了用水申请受理和验收通水2个环节，历时2个工作日，低于承诺办理时限7个工作日要求。全程没有收费项目，实现用水报装"零成本"。且该公司对于集团公司免费提供水表减轻企业经济负担表示非常感谢，并为集团公司的优质服务点赞。

图4.3.5-1　水表验收通水

3. 借鉴意义

该案例充分表明，集团公司在推行"四免四化"等改革措施，打造"优饮优服"体系以来，在"获得用水"方面着实赢得了客户赞誉，为建设一流的营商环境，提供专业、高效、便捷的贴心服务，大力提升了客户满意度。

4.3.6　超强台风"山竹"期间应对停水谣言影响的供水应急处置案例分析

1. 事件描述

超强台风"山竹"于2018年9月16日14:00从距离深圳南面125km掠过，中心最大风力65m/s（17级以上），是1983年以来影响深圳最严重的台风。

在台风防御期间，约13:20起，各水厂的供水量相继突然大幅增加，其中某水厂供水量由1.9万m³/h突增至2.9万m³/h（见图4.3.6-1），供水量远超水厂的最大生产能力，水厂清水池液位急剧下降；同时市政供水管网大幅失压，平均压降6～8m，且情况有进一步恶化趋势，若不能准确研判并立即采取有效措施，该水厂将面临停水断供的严重风险，危及数百万人的供水安全，社会影响巨大。

调度值班员及时发现供水异常情况，迅速采取以下研判措施：一是通知各水厂检查和核实厂内生产情况，确认水厂生产无异常；二是联系客服中心了解客户投诉信息，获悉部分用户反馈"全市三点停水"等谣言；三是联系管网管理单位协查管网运行情况，确认无大型爆管事件影响。经生产、管网、客服多部门联动，基本确定供水异常情况是由于网络上停水的谣言引发市民集中恐慌性用水而造成。

集团公司相关部门立即行动，采取有效措施消除影响，其中总裁办公室立即联系政府主管部门及新闻媒体进行信息沟通发布工作；客户服务中心通过微信、微博等网络平台及时向用户披露供水情况并辟谣不实传言（见图4.3.6-2）；生产运营部调度各水厂按设计最大生产能力生产并根据供水变化情况及时调整供水工况，泵站管理所按水厂需求增大原水量；管网运营部督导各区域分公司密切关注管网运行情况。经采取以上有效措施，约2h后，水厂生产和管网运行基本恢复至正常状态，片区供水基本未受较大影响。

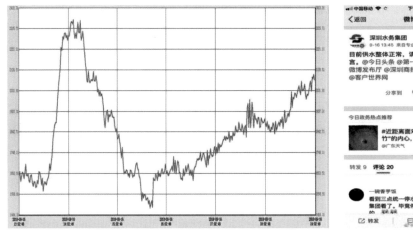

图4.3.6-1　水厂供水量突增曲线图　　图4.3.6-2　集团微博信息发布

2. 原因分析

（1）个别公民法律法规意识淡薄，发布不实虚假网络信息。少数市民信息甄别能力不足，面对不实信息，容易从众、情绪激动并轻信传播谣言。

（2）极端天气情况下，网络上停水的谣言引发市民集中恐慌性用水，造成水厂供水量剧增、供水管网严重失压情况。

3. 总结提高

（1）在极端天气情况下，提前通过集团官网、微信、微博等媒介提前做好灾害相关知识的科普，提高市民的信息甄别能力。密切关注社会舆情并做好舆论引导工作，及时进行信息披露。

（2）加强生产、管网、客户等部门信息联动，提升智慧防灾减灾水平，及时掌握供排水系统运行情况，通过多方信息准确研判供排水异常情况，确保应急措施正确有效。

（3）生产单位做好生产应急物资储备，加强设备检修维护，做好应急情况下满负荷或超负荷生产的准备工作。

（4）优化完善极端天气的供排水保障预案。突发情况发生时，各单位及时启动预案，按预案要求各司其职，快速和有效地削减突发事件带来的不利影响。

4.3.7　原水异常导致停水的应急处置案例分析

1. 成果概述

2019年6月26日，因某工地施工造成了管线破损，油污渗入原水隧洞，引起原水水质异常，导致片区两大水厂相继于11:30和18:00停产，约6万用户近20万人受到停水影响。

事件发生后，市区两级政府、市水务集团第一时间成立现场应急指挥部，迅速组成了综合组、抢险组、专家组、送水组、信息组，启动"IV级"应急响应。抢险队伍对原水管网沿线周边开展拉网式摸排，并进入输水隧洞检查。最终查明原因，并采取相应处置措施，当天21:00水厂陆续恢复供水。

水厂暂停供水期间，集团公司通过微博、微信公众号等途径发布停水信息及进展情况，启动了最高级别的供水服务应急响应。在集团领导和相关部门的指挥和协调下，在区水务局、街道办、社区工作站、志愿者的大力配合下，送水、安抚、解释、维护秩序，较好地控制了舆情，没有造成恐慌，得到了区领导和相关部门的肯定，更重要的是得到了居民的理解和赞许。

2. 具体方法

（1）快速反应，做好各项应急准备

6月26日上午9:00，A水厂巡检发现原水水质异常，立即切断原水停止生产，只利用清水池原有的蓄水进行供水，由于清水池水量有限，预计只能供水2h左右。分公司得知情况后，立即派出人员排查原水管线，并做了如下准备：

1）所有人员立即回到岗位上待命。

2）列出医院、消防队等需要重点供水保障的单位，并通知其尽快储水。

3）根据停水时间的延长，确定受影响的小区数、用户数、人数。

4）联系其他区域分公司派出送水车支援。

5）打印辖区地形图及供水管线平面图备用。

（2）合理安排，有条不紊的调度水车送水

时间一分一秒的流淌，艰难的排查仍在继续着，11:30事故点仍未找到，沙头角水厂只能暂停供水。这时必须启动水车送水，集团客服中心将全市14部送水车陆续调度到该区，同时区应急局协调了区消防局安排了4部消防车待命。送水指挥部由分公司分管副经理和区水务局副局长负责，合理安排，统一调度。

1）科学安排，有条不紊（见图4.3.7-1）

将A辖区平面图划分出12个区域，B辖区划出10个区域，每个区域以一个社区为主，成立一个小组，每组3人（1名司机、1名熟悉该区域的员工、1名社区工作人员），每组配一部水车。共成立了18个送水小组，水车加水点设在离该区最近的罗湖区。

2）与街道、社区共同携手，提供贴心的人性化送水服务（见图4.3.7-2）

图4.3.7-1　划分送水区域　　　　图4.3.7-2　水车应急送水

安排人员和送水车到达指定送水地点，与街道社区人员分工合作，引导市民有序取水，安排专人为年老体弱的住户送水上门。在为中英街送水时，由于需要办理出入证，沙头角海关和沙头角出入境边防检查站为送水车及随车服务人员开辟了绿色通道。同时，做好沟通解释工作，以免引起恐慌。

（3）为特殊用户提供特别保障

区人民医院，区拘留所，区老人院属重点保障用水客户，深圳水务集团为其安排专属水车来回送水，保障其正常运转。

（4）动用消防水车应急

下午18:00，B水厂暂停供水，停水范围进一步扩大，为进一步提升应急送水能力，于是消防队的三部水车赶来应急。因消防车内装满了带有泡沫的水，需反复清洗，直至水质合格方能启用。

（5）制定方案，为通水做好准备

19:00，终于查明原因，初步判定为工地施工导致原水管线受损，油污渗入。经紧急处置，预计21:00恢复供水。分公司立即组织管网部工程师根据供水管线，讨论制定恢复供水时管网排气和排放水方案。然后安排两个水务所的维修力量分为三个组，按制定的方案做好出发准备。同时安排人员电话通知各物业管理处告知即将通水的消息，提醒用户通水之后最好排放1~2min后再使用。

3. 借鉴意义

回顾对这次停水突发事件的处理，以下几个方面可以借鉴：

（1）指挥人员必须保持清醒冷静的头脑，根据事态发展确定恰当的行动方案。

（2）打好应对的提前量，准备充分。

（3）与区政府的各职能部门协调统一，通力合作，共同应对。

（4）确保重点用户的用水需求，特别考虑到了医院、拘留所和养老院用水。

（5）除了水车送水之外，准备了充足的瓶装矿泉水为个别地势高的无水住户派送，尽可能减少每一个住户因停水带来的不便。

4.3.8 管线改迁碰口停水引起水流向改变及水流扰动引发供水水质投诉

1. 事件描述

7月10日8:06，某分公司收到客户联络中心转来一单水质投诉，某小区反映水质发黄。8:10后，分公司又陆续收到附近多个小区的投诉。从8:00~12:30，分公司共收到20个小区32单投诉，其中A花园（1单）、B瑞峰（1单）小区为7月9日地铁某线E站点北侧给水管道改迁碰口停水区域，投诉小区主要集中在滨海大道以南，后海大道以西、南海大道以东。

接到投诉后，分公司迅速反应，立即启动《供水水质突变应急预案》，积极采取以下应对措施：

（1）组织力量第一时间到达现场，对桂庙路、南光路、后海大道、南海大道、海德一道等小区周边市政消火栓进行排放，同时根据水力模拟流向扩大排放范围，从登良路向北依次排放兴南路、南商路等市政消火栓（见图4.3.8-1）。

图4.3.8-1 消火栓排放现场

（2）安排客户服务人员到投诉小区值守，协助小区物业管理单位做好沟通、协调工作；

（3）水质检测人员到投诉小区取采集水样，共11组送至水质监测站。

经过不懈努力，水质投诉得到有效控制，水质投诉小区于10日恢复正常供水。

2．原因分析

（1）现场情况调查

10日上午集团生产运营部、管网运营部及分公司相关人员赴地铁E站点碰口现场核查，并到投诉小区了解情况：

1）C小区3栋106业主反映，9日晚23时左右，龙头水出现浑浊，10日6时左右洗漱时发现水质发黄（当时碰口施工还未开启阀门通水）。

2）致电C小区3栋304业主了解到，10日上午10时左右发现水质发黄，呈极淡红色，目前观察水质已正常。

此片区除7月9日晚地铁E站点北侧曾实施给水管道改迁碰口施工外，没有其他管道施工。

（2）地铁12号线南山站给水管道改迁碰口施工

因站点周边管线复杂、给水管道改迁碰口较多，分公司曾专门召开管道改迁碰口方案讨论会，最终确定分两次实施碰口施工，6月18日实施E站南侧给水管道改迁碰口，7月9日实施E站北侧给水管道改迁碰口。7月9日碰口施工关闭8个阀门，其中七个阀门与6月18日停水阀门相同，另一个阀门距上次停水关闭阀门200m左右，6月18日碰口施工未出现水质投诉。7月9日停水影响用户14个，其中2个用户在10日投诉水质发黄。

（3）E站北侧给水管道改迁碰口水力模型模拟

分公司对E站北侧给水管道改迁碰口施工恢复供水的水流流向、扩散路径等进行模拟，通过模拟结果推测：水中污染物应主要来自于水流流向改变冲刷的管道沉积物，并非来自停水管道中的水。

7月10日阀门开启通水后，桂庙路、海德二道往东，以及南山大道往南的水流流向均发生改变，且流速变化较大；停水区域的水流扩散路径与范围与投诉范围较为吻合，但水流扩散时间比投诉时间滞后约30min（见图4.3.8-2）。

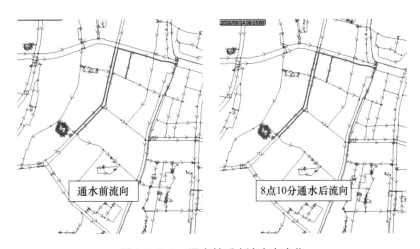

图4.3.8-2　通水前后水流方向变化

3. **总结提高**

（1）停水区域管网情况复杂或主管管径DN800（含）以上的停水方案制定及审核，需进行水力模型模拟，根据模拟结果辅助分析决策，优化通水时的阀门操作和冲洗排放顺序。

（2）排查投诉区域周边的市政管网，对管道材质较差，尤其是内防腐情况较差的管道制定更新改造计划。

（3）健全、有效的《供水水质突变应急预案》，是一切水质投诉事件的行动指南，能够帮助精准定位事件影响，有利于及时反应，把控事态发展，将负面影响降至最低。

（4）水质事件具有突发性、不确定性等特点，应结合现场实际情况迅速判断，找准问题，对"症"下药。

（5）上下联动，迅速采取应对措施，全面提升事件处理效率。

（6）"急客户之所急，忧用户之所忧"，是解决水质投诉事件应时刻坚守的服务理念。

参考文献

［1］中华人民共和国卫生部国家标准化管理委员会. GB 5749—2006生活饮用水卫生标准［S］. 北京：中国标准出版社，2007.

［2］中华人民共和国卫生部国家标准化管理委员会. GB/T 5750—2006生活饮用水卫生标准检验方法［S］. 北京：中国标准出版社，2007.

［3］朱月海. 饮水与健康［M］. 北京：中国建筑工业出版社，2009.

［4］严煦世，范瑾初. 给水工程（第4版）. 北京：中国建筑工业出版社，1999.

［5］国家环境保护总局. 水和废水监测分析方法［M］. 第4版. 北京：中国环境科学出版社，2002.

［6］住房和城乡建设部城市建设司. 城市供水系统应急净水技术指导手册［M］. 北京：中国建筑工业出版社，2009.

［7］王占生，刘文君. 微污染水源饮用水处理［M］. 北京：中国建筑工业出版社，2001.

［8］王洪臣. 城市污水处理厂运行控制与维护管理［M］. 北京：科学出版社，2002.

［9］中华人民共和国住房和城乡建设部. CJJ 58—2009城镇供水厂运行、维护及安全技术规程［S］. 北京：中国建筑工业出版社，2010.

［10］中华人民共和国住房和城乡建设部. CJJ 60—2011城镇污水处理厂运行、维护及安全技术规程［S］. 北京：中国建筑工业出版社，2012.

［11］中华人民共和国住房和城乡建设部. CJJ 207—2013城镇供水管网运行、维护及安全技术规程［S］. 北京：中国建筑工业出版社，2014.

［12］严煦世，刘遂庆. 给水排水管网系统（第二版）［M］. 北京：中国建筑工业出版社，2008.

［13］任基成，费杰. 城市供水管网系统二次污染及防治［M］. 北京：中国建筑工业出版社，2006.